爱丽丝
谜境奇遇记

［美］贾森·沃德（Jason Ward）

［美］理查德·沃尔夫里克·加兰（Richard Wolfrik Galland） 著

涂泓 译

冯承天 译校

U0397193

 上海科技教育出版社

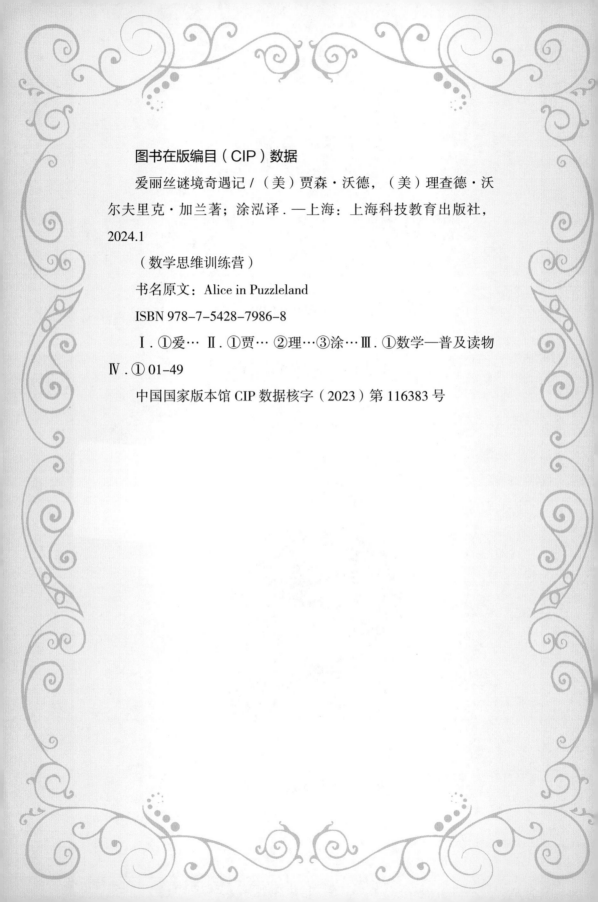

图书在版编目（CIP）数据

爱丽丝谜境奇遇记 /（美）贾森·沃德，（美）理查德·沃尔夫里克·加兰著；涂泓译 . —上海：上海科技教育出版社，2024.1

（数学思维训练营）

书名原文：Alice in Puzzleland

ISBN 978-7-5428-7986-8

Ⅰ . ①爱… Ⅱ . ①贾… ②理…③涂…Ⅲ . ①数学—普及读物 Ⅳ . ① 01-49

中国国家版本馆 CIP 数据核字（2023）第 116383 号

作者附言

我由衷地感谢希尔顿家的姑娘们——米兰（Milan）、莎拉（Sarah）和利萨（Lisa），还有克里斯（Chris）。我还要向苏西·瓦莱莱（Susie Vaalele）和尼克·瓦莱莱（Nik Vaalele）表达我的无限感激之情，感谢他们在我编写本书时给予我的帮助和款待。

理查德·沃尔夫里克·加兰

首先，我始终感谢 Ein Helyg and 1 Derwendeg 的前居民们。你们制住了那只可怕的乌鸦，不让它靠近。我要极力感谢汉娜（Hannah）听了多如牛毛的双关语，以及达尼（Dani）多年来对我有益的首肯，这些对于完成本书极有帮助。请继续下去，这些都是我极其需要的。

贾森·沃德

引言

　　"从起头的地方开始，"国王非常严肃地说，"一直读到末尾，然后停止。"

　　红桃国王给白兔的这条建议，对于生活中的大多数努力，从在馅饼盗窃案中提供证据到修理一架风车，都是非常有用的，但在解答谜题中就没那么有用了。你可以从起头的地方开始，这很好，但是然后你要怎么做？通常情况下，最令人满意的那些题目，它们的解答不是通过迎面直击找到的，而是完全来自另一个方向。

　　也许没有人比牛津大学的数学讲师查尔斯·路特维奇·道奇森[①]更理解这一点。他最为大家所知的名字是刘易斯·卡罗尔。他是《爱丽丝漫游奇境记》（*Alice's Adventures in Wonderland*）和《爱丽丝镜中奇遇记》（*Through the Looking-Glass，and What Alice Found There*）的作者。这位痴迷的、富有创造力的逻辑学家每天晚上都会花几个小时躺在床上，试图解答一些他自己设计的、精心制作的谜题。在本书中可以找到这些"枕头题目"中的一部分，就像本书中的其他谜题和智力游戏一样，它们都是以卡罗尔那两

　　[①] 查尔斯·路特维奇·道奇森（Charles Lutwidge Dodgson，1832—1898），英国作家、数学家、逻辑学家、摄影家和儿童文学作家。他以笔名刘易斯·卡罗尔（Lewis Carroll）创作了许多儿童文学作品。——译注

本极其精彩、极其怪异的书为背景的，我们用这些问题测试你的演绎、逻辑推理、算术技能，以及最重要的创造性思维的技能。

尽管有着很多种类的答案，但这些问题最终都可以用同样的方式来着手解答：从起头的地方开始，发现自己处在一个意想不到的地方，然后一直继续下去，直到你到达末尾。考虑到我们年轻的女主人公爱丽丝的那些奇特冒险经历，这似乎是完全恰当的。

目 录

第 1 章

简单谜题

一首诗

取自刘易斯·卡罗尔的《幻镜和其他诗歌》（*Phantasmagoria and Other Poems*）

我的第一部分充其量是单数；

我的第二部分数量较多；

我的第三部分数量最多——

数量如此之多，以至于我要抗议

几乎无法计数！

我的第一部分后面跟着一只鸟；

我的第二部分后面跟着魔法艺术的信徒；

我率直的第三部分后面跟着，

但并不经常跟着，

荒谬的希望以及貌似有理的骗子们。

我的第一部分得到智慧的尝试——
失败的忧郁！
我的第二部分被尊为智者；
我的第三部分从智慧的高峰
飞到疯狂愚蠢的深渊。

我的第一部分一日一日地变老；
我的第二部分已寿终正寝；
他们说，我的第三部分
仙福永享，即使延续
几个世纪都不会消亡。

至于我的全部？我需要一支诗人的笔
来描绘她的千姿百态：
人类的君主，人类的奴隶；
一座山峰，一处洞穴，
里面是黑暗而致命的迷宫。

一道闪光，一抹飞逝的阴影。
一切人类艺术创造或智慧设计的
开始、结束和中间过程。
如果你能读懂我的谜语，
就去寻求她的帮助吧！

解答见第 138 页

找不同：粉刷玫瑰的园丁

上页的图片与它在本页上的镜像有 8 个不同之处，你能把它们找出来吗？

解答见第 **138** 页

危险的决定

爱丽丝必须在 3 扇门之中做出选择。第一扇门通向一个铺满炽热煤炭的迷宫；第二扇门通向一个漆黑的房间，里面有一个无底洞；第三扇门通向一个敞开的笼子，里面有一头已经 6 个月没吃东西的狮子。

她应该进哪一扇门？

解答见第 **139** 页

一排排的玫瑰

"好了！这是最后一棵了！"第一个园丁如释重负地宣布。

他们成功地将王后的玫瑰都涂成了鲜红色，离王后陛下到来的时间已经所剩无几了。

"等一下！"第二个园丁说，他的脸变得像这些玫瑰原来的颜色一样苍白，"她说她想要5排，每排4棵——而我们只有2排，每排5棵！"

"她要来了！"第三个园丁惊恐地喊道。

在王后到来之前，园丁们的时间只够移动4棵玫瑰。他们有没有办法让这些玫瑰排成5排，每排4棵？

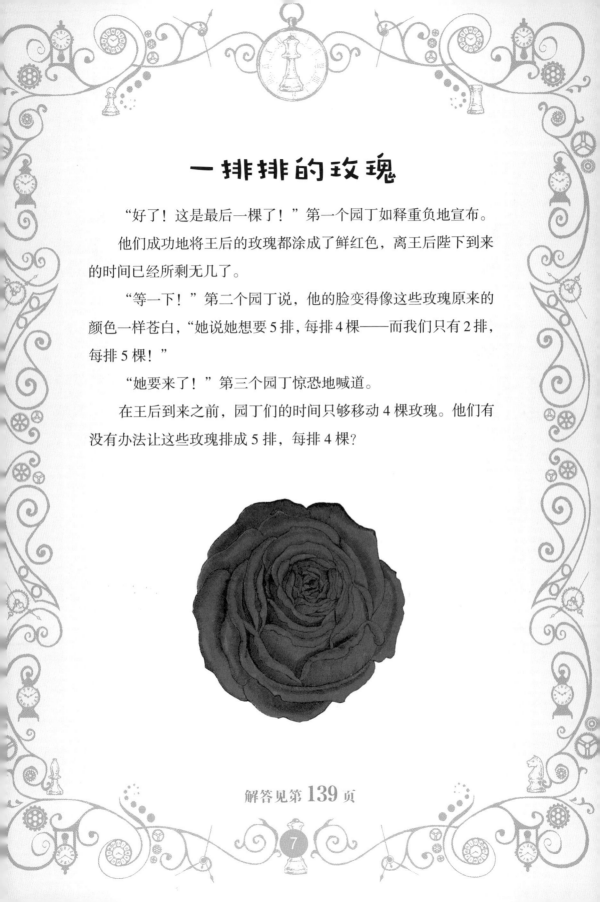

解答见第**139**页

不合拍

"哦！要是我让她久等的话，她会很生气吧！哦！公爵夫人，公爵夫人！"白兔一只手里拿着一副白色羊羔皮手套，另一只手里拿着一块怀表，自言自语地说。

爱丽丝看了看这块怀表的表盘，报出了她所看到的时间。这似乎使白兔从恍惚中清醒了过来，他转过身来对她说："你似乎不熟悉我这个经过了大大改进的计时装置。"

他显然很满意地解释说："分针总朝着与时针相反的方向走。除此之外，这块怀表和你可能惯用的任何其他表都完全一样。"

在4点到5点之间的某个时刻，白兔的怀表上的时针和分针正好重合，而这两根指针是在正午同时开始走的。

这时的实际时间是什么？

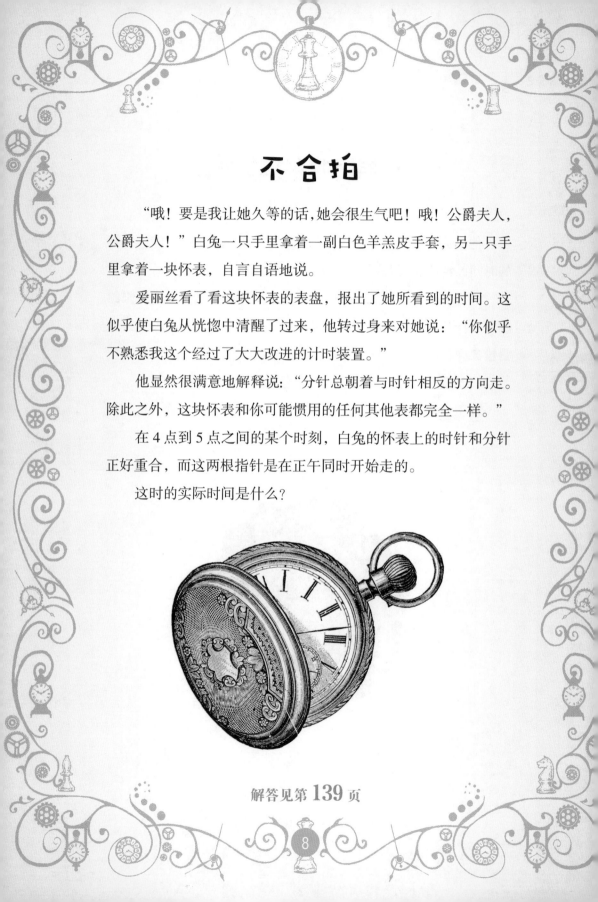

解答见第 **139** 页

缺席的刺猬

　　槌球比赛打得七零八落。士兵们把自己对折起来做拱门，球手们全都用火烈鸟做木槌，但刺猬却不见了踪影。

　　"有人没把刺猬带来，"红桃王后吼道，"砍掉他们的头！"王后的观点是，如果不立即采取措施，她就会把周围所有人都处死。

　　园丁们紧张得面面相觑。

　　红桃 2 说："不是我，是红桃 7。"

　　红桃 7 说："不是红桃 2，是红桃 3。"

　　红桃 3 说："不是红桃 7，是我。"

　　红桃 5 说："不是红桃 3，是红桃 2。"

　　每个园丁都说了一半真话，一半假话。是谁忘了带刺猬来？

解答见第 **140** 页

镜像：青蛙仆人和鱼仆人

本页的各张小图片中,只有一张是上页那张图片的真实镜像。
那么,是哪一张呢?

A

B

C

D

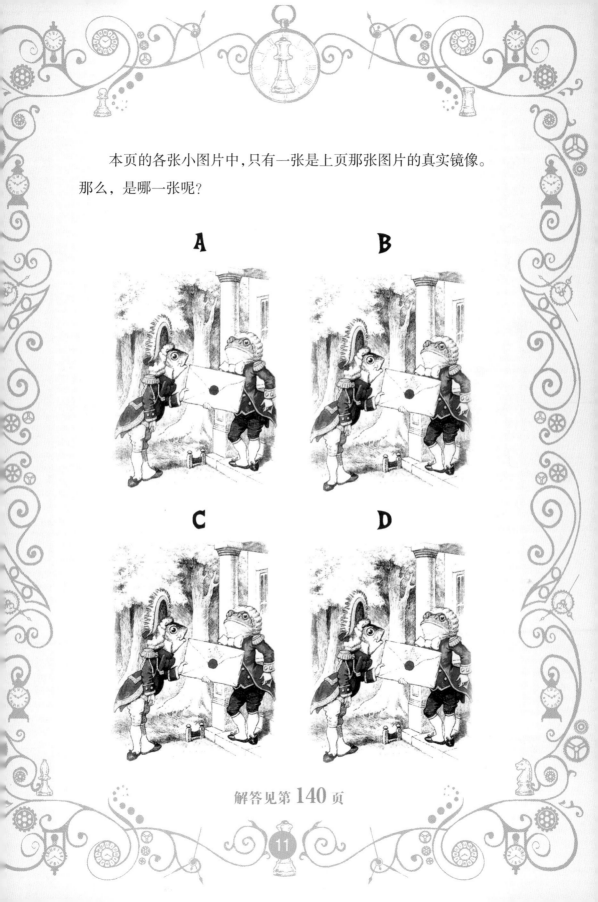

解答见第 140 页

一个麻烦的问题

我发现一根棍子①重两磅②；

有一天我把它锯成了一样重的八段！

每一段重多少？

提示："四分之一磅"不是正确答案。

——取自刘易斯·卡罗尔的《来自奇境的谜题》杂志

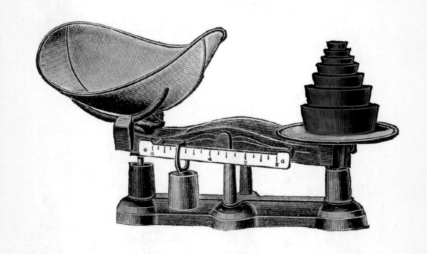

---

① "棍子"和标题中的 "麻烦的"，其英文分别是 stick 和 sticky，因此这里语带双关。——译注

② 1 磅 ≈ 0.4536 千克。——译注

解答见第 **140** 页

两个谜语

给我吃的，我就会活下去；
但若给我水，我就必定死亡。

我是什么？

我没有重量，
但你能看见我。
把我放进一桶水里，
我就会让它变轻。

我是什么？

解答见第**141**页

诗

这首诗出现在《爱丽丝镜中奇遇记》的结尾处。它的字里行间隐藏着一些东西。

你能说出其中隐藏的是什么……或者是谁吗？

A boat beneath a sunny sky,

Lingering onward dreamily

In an evening of July —

在一个七月的黄昏，

晴空下的一艘小船，

梦幻般地荡漾着前进。

Children three that nestle near,

Eager eye and willing ear,

Pleased a simple tale to hear —

三个孩子依偎在身旁，

热切的眼睛和期待的耳朵，

愉快地欣赏一个简单的故事。

Long had paled that sunny sky:

Echoes fade and memories die.

Autumn frosts have slain July.

晴空早已苍白，

回声和记忆都消逝，

秋霜驱逐了七月。

Still she haunts me, phantom wise,

Alice moving under skies

Never seen by waking eyes.

她如幻影般萦绕在我脑海，

爱丽丝在天空之下移动，

但清醒的双眼从未见过她。

Children yet, the tale to hear, 孩子们依旧要听故事，

Eager eye and willing ear, 热切的眼睛和期待的耳朵，

Lovingly shall nestle near. 深情地依偎在身旁。

In a Wonderland they lie, 他们置身于一个奇境之中，

Dreaming as the days go by, 岁月在梦幻中流逝，

Dreaming as the summers die: 夏日在梦幻中远去。

Ever drifting down the stream — 曾经沿着小溪漂流而下，

Lingering in the golden gleam — 荡漾在金色的微光中，

Life, what is it but a dream? 生活，难道只是一场梦幻吗？

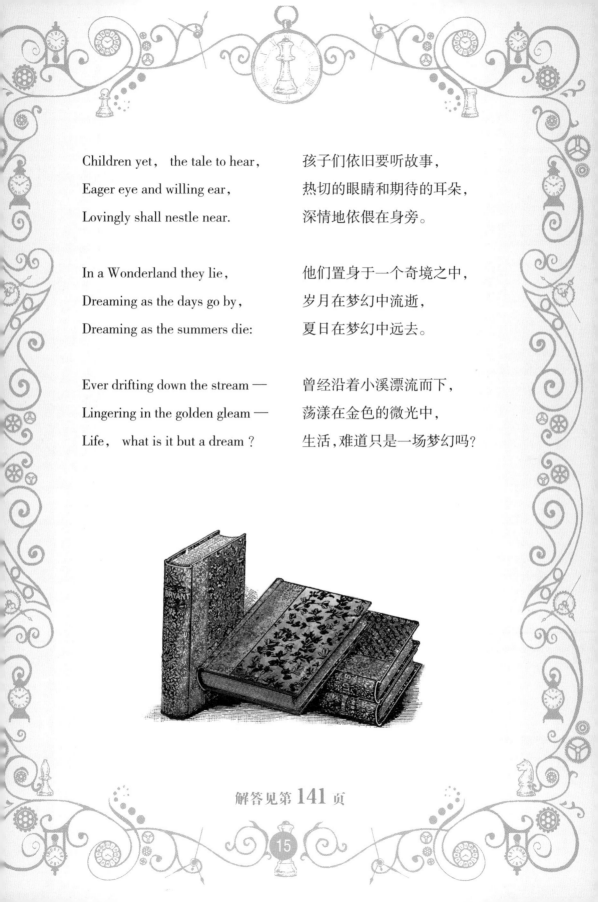

解答见第 **141** 页

镜像：蛋头先生有话说

本页的各张小图片中，只有一张是上页那张图片的真实镜像。

那么，是哪一张呢？

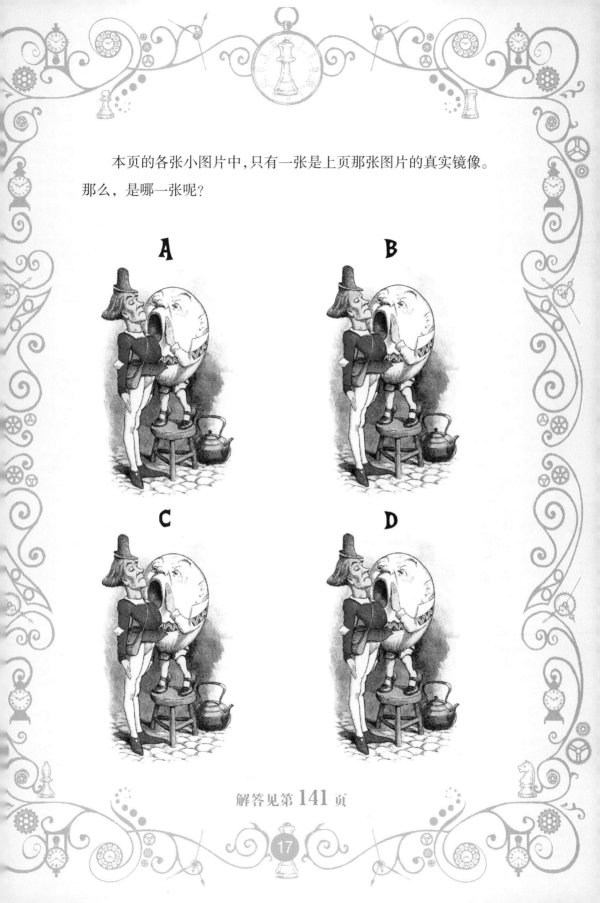

A

B

C

D

解答见第 **141** 页

舞会和项链

"但是你一定要来参加舞会，"公爵夫人亲切地说，"每个人都会来的。"

"我会来的。"爱丽丝答应道。

"当然，你必须遵守着装规定，"公爵夫人转身离开时说，"每位女士都必须戴一条项链。今晚见！"

"哦，天哪！"爱丽丝说着，从口袋里掏出那条断了的项链。这条金项链断成了4段，每一段都由3个链环串成。

她去找了那位皇家铁匠。

"你能把这些链环串成一根项链吗？"她问他。

铁匠回答说："我每切开一个链环要收1便士①，再把它熔接上又要收1便士。要把这几段串起来，我必须切开并重新熔接上4个链环。总共收8便士。"

"但我只有6便士啊！"爱丽丝伤心地说。

爱丽丝有没有办法把项链修好？

---

① 便士是英国货币辅币单位，现在1英镑=100新便士。——译注

解答见第**142**页

想 一 个 数

取自刘易斯·卡罗尔的《猎蛇鲨记》（*The Hunting of the Snark*）。

以 3 作为推理的主题，

这是一个易于说明的数，

我们加上 7 和 10，

然后与 1000 减去 8 的差相乘。

正如你们见到的，

我们将所得的结果除以 992，

然后再减去 17，

答案一定恰好完全正确。

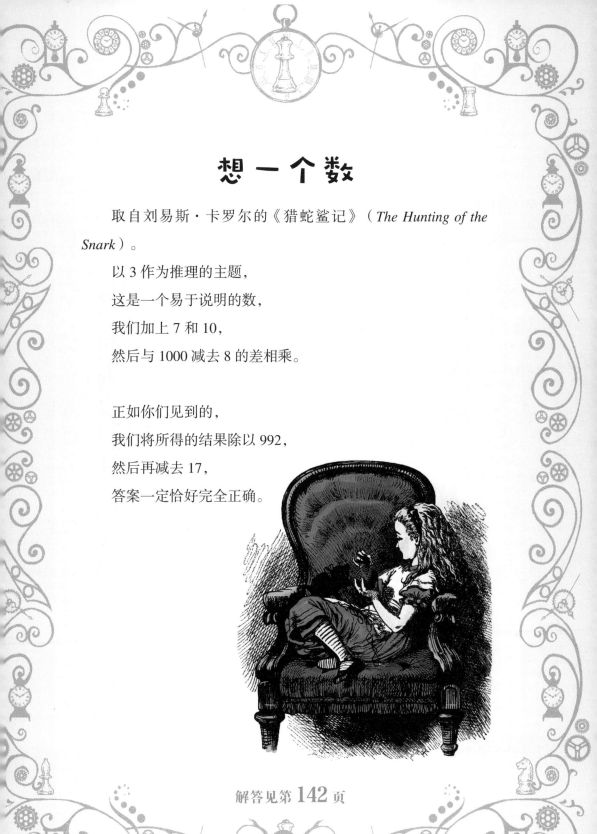

解答见第 **142** 页

鲜花盛开的花园

爱丽丝被困在这个迷宫的中间，你能帮她找到出去的路吗？

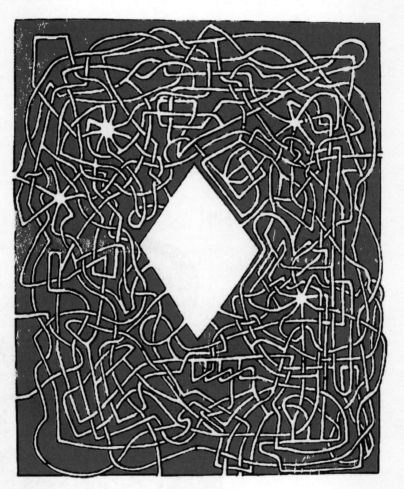

这个迷宫是刘易斯·卡罗尔为《大杂烩》（*Mischmash*）杂志创作的。

解答见第**143**页

白骑士的行程

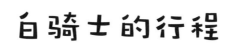

　　白骑士正在回家的路上。他前半程骑马，这是他正常步行速度的 15 倍。然后他摔了下来。因此，在后半程，他和他那匹步履蹒跚的马并肩而行——但如果没有这匹马拖后腿的话，他本可以走得快一倍。

　　如果他没有带着他的那匹可靠的马，而是一路都步行的话，他会节省时间吗？

　　如果会，能节省多少时间？

解答见第 **143** 页

烤吐司

"快点烤吐司！" 公爵夫人命令道。

厨师正在用一个小平底锅烤法式吐司。他烤了一片吐司的一面后，把它翻过来。两面各烤了 30 秒。

这个平底锅里只装得下两片吐司。他怎么会在一分半内就把三片吐司的两面都烤了，而不是花两分钟？

解答见第 **144** 页

摘玫瑰

"给我一朵玫瑰，我就再给你讲一个故事。"公爵夫人说。

"哦，可不要再引出什么道德上的教训了。"爱丽丝想。但她还是向花园走去。

3个园丁正在玫瑰花丛旁站岗。

"从花园里摘玫瑰可是一件要砍头的罪行。"第一个园丁说。

"但如果你在离开之前依次给我们每个人回扣，我们就不会告诉王后。"第二个园丁说。

"每次的回扣是你所拥有的玫瑰的一半，再加上两朵。"第三个园丁补充道。

她照他们说的做了，并带着一朵玫瑰离开了花园。

她一开始摘了多少朵？

解答见第**144**页

23

找不同：奇妙的动物们

上页的图片与它在本页上的镜像有 8 个不同之处，你能把它们找出来吗？

解答见第 **145** 页

预选赛

"快一点，不然你永远都不会把衣服弄干！"渡渡鸟叫道。

爱丽丝不得不承认，她确实没有真正付出过多大的努力。毕竟，这场赛跑看起来并没有任何规则。

渡渡鸟能在 6 分钟内绕跑道跑一圈，而爱丽丝能在 4 分钟内跑完一圈。爱丽丝要花多少分钟才能追上渡渡鸟？

解答见第 **145** 页

帽 子 戏 法

疯帽子、三月兔、叮当兄、叮当弟、木匠和另外5位绅士——他们的名字太乏味，以至于连他们自己都差不多忘记了——正沿着海滩散步。每个人都戴着帽子，这是沿海滩散步时的常见做法。

突然，从海上吹来一阵风，卷走了他们的帽子，把它们在碎石滩上堆成了一堆。

每一位没戴帽子的散步者都伸手从那堆帽子中拿了一顶帽子。他们眼睛里都进了沙子，看不清这些帽子之间的区别。

他们之中刚好有9个人立即找到自己帽子的可能性有多大？

解答见第 146 页

柴郡钟

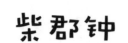

"现在几点了?"爱丽丝问。

"看看钟。"柴郡猫说。

"但是我看不到钟。"

"它是隐形的。"

"那它有什么用呢?"爱丽丝问道。

"钟声会在每个整点响起,几点钟就响几下,中间每一刻钟响一下。"

如果爱丽丝听到钟响了一下,她**最长**要等多久才能知道现在是几点?

解答见第**146**页

胡椒

"喂！帮我看着锅，"厨师说，"我需要去找些防风草，我只走开半个小时。"

爱丽丝战战兢兢地从厨师手里接过长柄勺。"别忘了在 15 分钟后加胡椒！"厨师恶狠狠地说，"不然它就毁了！"

爱丽丝环顾厨房，但没有看到钟，只有两个旧沙漏。一个沙漏把沙子漏完需要 7 分钟，另一个需要 11 分钟。

爱丽丝如何最佳地使用这两个沙漏，来精确测定 15 分钟的时间？

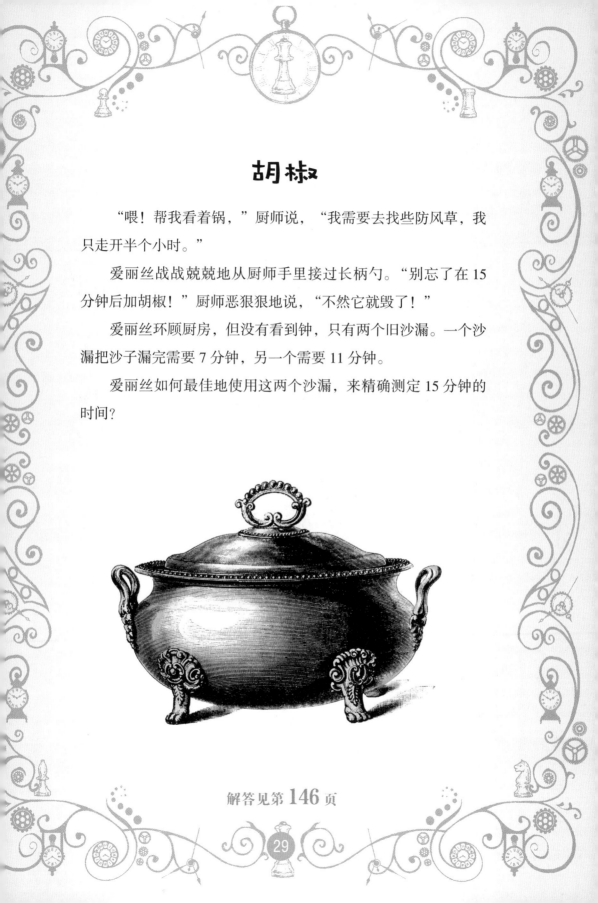

解答见第 146 页

镜像：爱丽丝变长了

本页的各张小剪影中，只有一张是上页那张图片的真实镜像。
那么，是哪一张呢？

解答见第147页

天气变暖

"天气挺暖和的。"爱丽丝说。她开始觉得有点困了。

"12度，"白王后咕哝道，"天气一天比一天热。"

"今天的温度是过去5天温度的乘积。"红王后补充道。

你能计算出过去5天中每天的温度吗？

请注意：所有温度值均为整数。

解答见第 **147** 页

可怜的鲍勃

木匠无法控制地哭泣着。

"究竟是怎么了？"爱丽丝关切地问。

"有人发现鲍勃今天早上死在了家里！"他哭着说。

"他躺在一小摊水旁，但没有受伤。"

"他年纪并不太大，也从来不生病。"海象补充道。

"天气又热又干——已经好几个星期没下过雨了！"木匠抽泣着说。

"哦，可怜的鲍勃，"爱丽丝说，"他究竟出了什么事呢？"

你能解释这件事吗？

解答见第 **147** 页

水果馅饼

"姑娘！拿些馅饼来！"王后命令道。

"哦，我希望她不要像对待她的仆人那样对我说话。"爱丽丝抱怨着。但她还是彬彬有礼地回答道："要几个，陛下？"

王后回答说：

"一只老鹰的翅膀数，

乘以一头山羊的蹄子数，

乘以'海鸥'（seagull）这个单词中的不同字母数，

乘以一只白鼬的耳朵数，

乘以'一打'（dozen）这个单词中字母 z 的个数，

乘以一条蛇的腿的条数，

乘以一朵三叶草的叶子片数，

告诉我……结果是多少？"

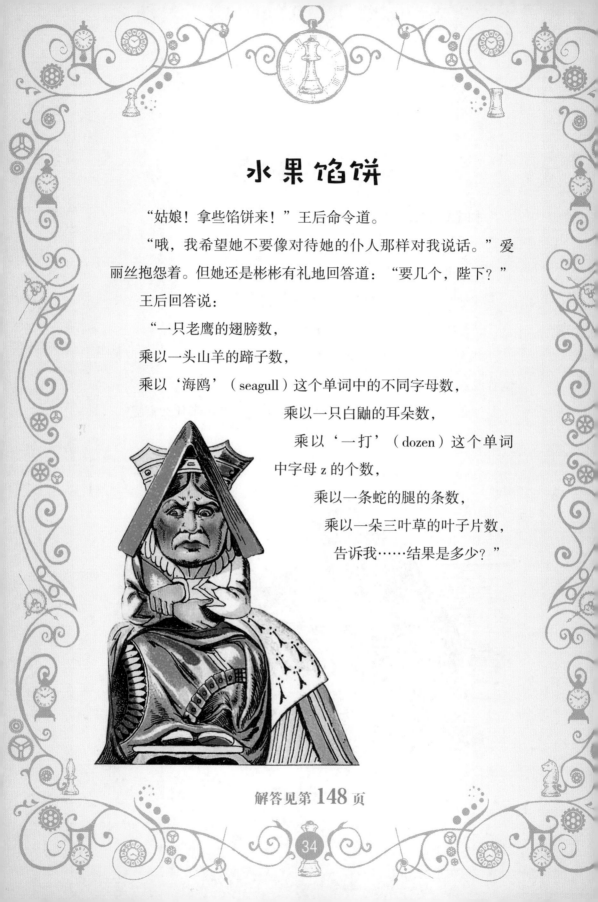

解答见第 **148** 页

纸牌游戏

叮当兄和叮当弟玩纸牌游戏，每一局的赌注是 1 便士。牌局结束时，叮当兄赢了 3 局，而叮当弟赢了 3 便士。

他们一共玩了几局游戏？

解答见第 **148** 页

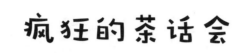

疯狂的茶话会

　　茶话会上有 3 位客人。其中两人喝茶，两人喝咖啡，两人喝葡萄酒。不喝酒的人也不喝咖啡，不喝咖啡的人也不喝茶。

　　每位客人分别喝什么饮料？

解答见第 149 页

36

彩旗飘飘

　　王后要求竖起两根 100 英尺[①]高的旗杆，并用一根 150 英尺长的绳子把它们的顶端连在一起。绳子的最低点必须离地面 25 英尺高。

　　这两根旗杆必须相距多远？

---

① 1 英尺 ≈ 0.3048 米。——译注

解答见第 **149** 页

槌球

　　"槌球运动员都到了吗？"爱丽丝问，"王后急切地想知道有多少人要来。"

　　"他们确实已经到了。"青蛙仆人用特殊的声调说。

　　"除了两位以外，其余全都是草花。"鱼仆人说。

　　"除了两位以外，其余全都是红桃。"青蛙仆人补充。

　　"除了两位以外，其余全都是方块。"鱼仆人结束了陈述。

　　"哦，天哪，"爱丽丝说，"那到底有多少位？"

解答见第 **149** 页

以牙还牙

红方的马吃掉了白方的3枚兵，然后被1枚车吃掉了，而这枚车又被红方的王后吃掉了。红方的王后接下去又吃掉了1枚兵和1枚象，然后被白方的王后吃掉了。

哪一方可以宣称在这场棋局中获得优势？各枚棋子的标准值如下：1枚兵值1分，1枚马或象都值3分，1枚车值5分，1枚王后值9分。

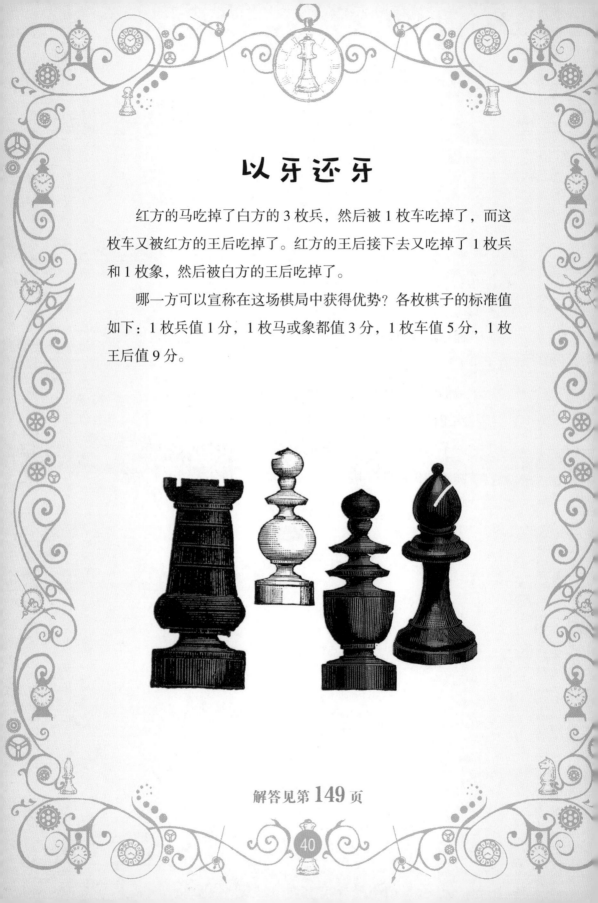

解答见第**149**页

不是我那杯茶

爱丽丝在搅拌她杯子里的茶时，疯帽子问："茶怎么样？"

她正要呷一口，突然注意到——

"里面有只苍蝇！"

"请接受我最诚恳的道歉，"这只苍蝇说，"我知道我什么时候都不受欢迎。"

"让我给你重新拿一杯。"三月兔提议。

爱丽丝呷了一口，皱起了鼻子。

"但这是同一杯！"她抱怨道。

"你到底是怎么知道的？"疯帽子问。

确实，她是怎么知道的？

---

① 原文是 "Not my cup of tea"，字面意思是"不是我那杯茶"，但常用来表示"不是我喜欢的""不合我的胃口"，类似于中文"不是我的菜"，因此这里语带双关。——译注

解答见第 **149** 页

镜像：白兔先生假扮传令官

本页的各张小图片中，只有一张是上页那张图片的真实镜像。
那么，是哪一张呢？

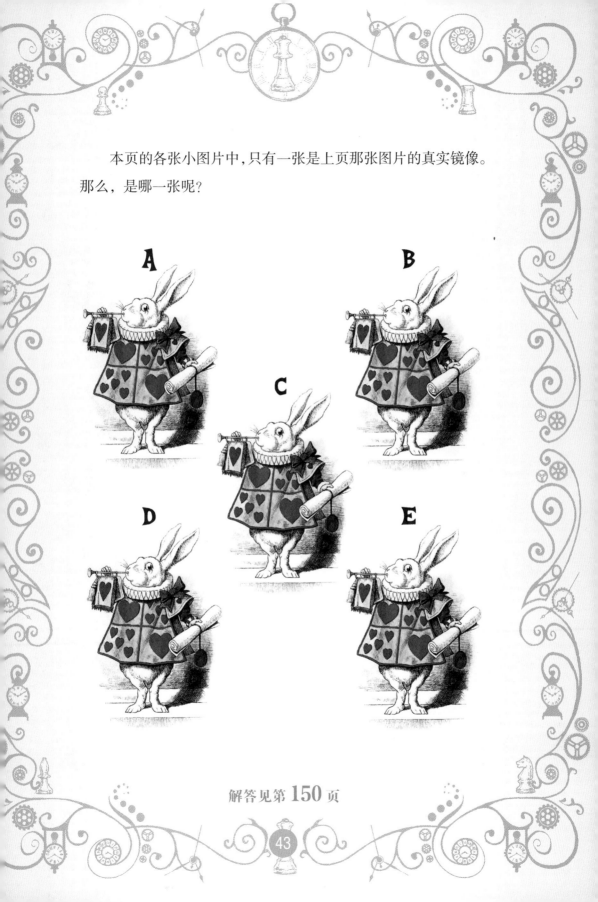

解答见第150页

第2章

奇异谜题

被诅咒的爱

据说这首神秘的诗是刘易斯·卡罗尔为一位被称为乌拉夫人的女子的兄弟写的。你能猜出它有什么不寻常的地方吗？

I often wondered when I cursed,

Often feared where I would be ——

Wondered where she'd yield her love,

When I yield， so will she.

I would her will be pitied ！

Cursed be love ！ She pitied me...

我常常想知道,我何时被诅咒了,

常常担心我会在哪里,

想知道她会在哪里放弃她的爱,

当我放弃时，她也会放弃。

我希望她会得到怜悯!

被诅咒的爱! 她怜悯我……

解答见第 **152** 页

观察时钟

　　白兔的怀表被送去修理了。他家里有一个精确的时钟，但他经常忘记给它上发条，所以它并不总是显示正确的时间。

　　不过，他在去疯帽子家之前确实没有忘记给它上紧发条。

　　"你的钟准吗？"他一到疯帽子家就问。

　　"是的，非常准。"疯帽子回答。

　　他们喝茶、猜谜，度过了一个愉快的傍晚，然后白兔回到家，并且把自己的时钟调准了。他怎么能在事先不知道两家之间距离的情况下做到这一点？

解答见第 **152** 页

字 母

"你在干什么？"爱丽丝问。

"我在把字母归档，"疯帽子回答，"想帮忙吗？"

疯帽子正忙着把字母表上的字母放进写字台的 4 个不同抽屉里。他已经把下列字母分成 4 类了：

抽屉 1　　A M

抽屉 2　　B C D E K

抽屉 3　　H I

抽屉 4　　F G J L

"请确保把剩下的那些字母放在正确的抽屉里。"疯帽子说着，递给她一面小镜子，然后一言不发地跑开了。

还有 13 个字母要整理。

T U V W Y N P Q R S Z O X

爱丽丝应该如何将它们归档？

解答见第 **152** 页

与你相配[1]

草花 J、黑桃 J 和方块 J 准备向红桃王后赠送礼物。

每个 J 分别带着一件礼物——一根球棒（club）、一把铲子（spade）和一块钻石（diamond）[2]。

草花 J 转向他右边的 J 说："天哪！我们当中没有一个人拿着的礼物是与我们的衣服相配的！"

"我敢说你是对的！"拿着钻石的 J 回答说。

谁拿着什么？

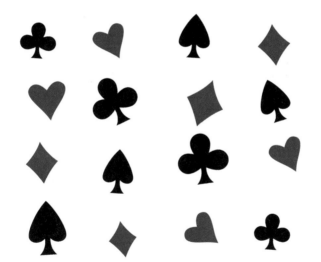

---

① 标题原文是 Suits You，这里的 suit 作动词有"合适、相配"的意思，作名词可表示"（一套）衣服""（纸牌中的）花色"等意思。——译注

② club 既可表示"球棒"，也可表示"草花"；spade 既可表示"铲子"，也可表示"黑桃"；diamond 既可表示"钻石"，也可表示"方块"。——译注

解答见第 **153** 页

变换

"这面镜子有点奇怪，"爱丽丝说，"物体的大小和颜色都会改变，并且从一种物体变成另一种物体（见图）。"

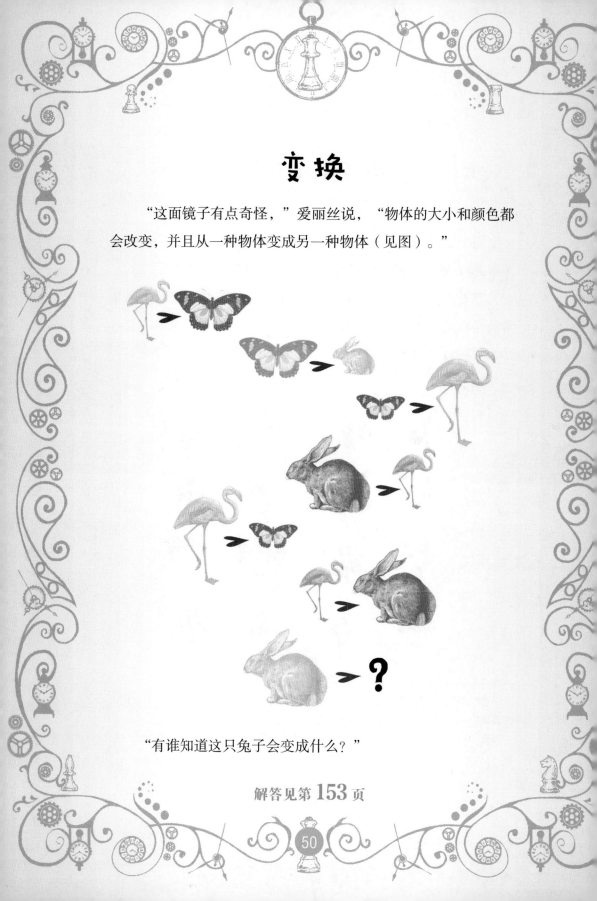

"有谁知道这只兔子会变成什么？"

解答见第 **153** 页

国王的马车

国王星期三喜欢在他的俱乐部玩拉米纸牌①游戏。他的马车在 5 点整把他接走，直接送回王宫。

不过，在这个特别的星期三，国王提前一个小时结束了游戏。那天下午阳光明媚，因此他决定步行回宫。皇家马车在路上接到了国王，发现国王陛下已经疲惫不堪了，但他比平时提前 20 分钟到达王宫。国王走了多长时间才遇见了马车？

---

① 拉米纸牌（rummy），纸牌游戏的一个大类，基本玩法是配成同点或同花色的套牌。——译注

解答见第 **153** 页

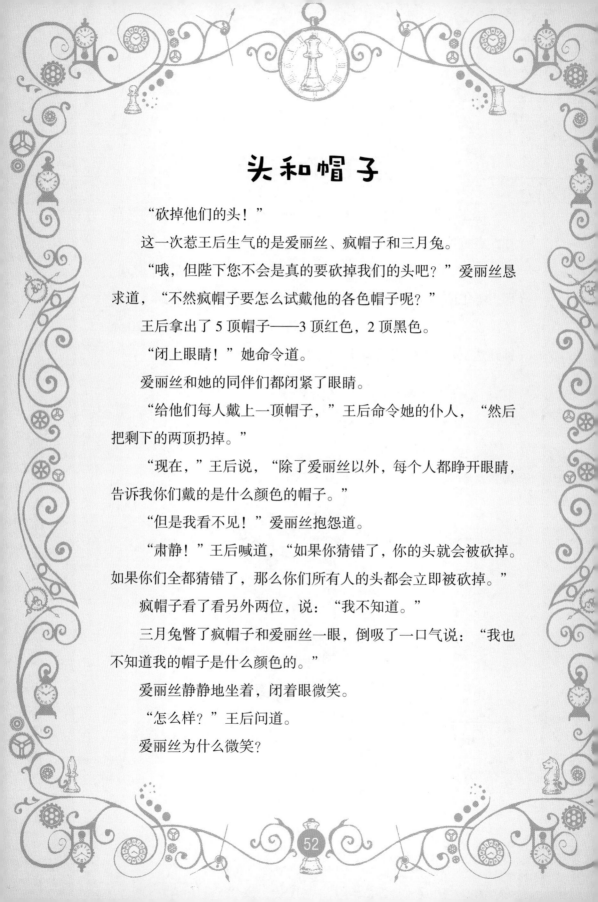

头和帽子

"砍掉他们的头!"

这一次惹王后生气的是爱丽丝、疯帽子和三月兔。

"哦,但陛下您不会是真的要砍掉我们的头吧?"爱丽丝恳求道,"不然疯帽子要怎么试戴他的各色帽子呢?"

王后拿出了 5 顶帽子——3 顶红色,2 顶黑色。

"闭上眼睛!"她命令道。

爱丽丝和她的同伴们都闭紧了眼睛。

"给他们每人戴上一顶帽子,"王后命令她的仆人,"然后把剩下的两顶扔掉。"

"现在,"王后说,"除了爱丽丝以外,每个人都睁开眼睛,告诉我你们戴的是什么颜色的帽子。"

"但是我看不见!"爱丽丝抱怨道。

"肃静!"王后喊道,"如果你猜错了,你的头就会被砍掉。如果你们全都猜错了,那么你们所有人的头都会立即被砍掉。"

疯帽子看了看另外两位,说:"我不知道。"

三月兔瞥了疯帽子和爱丽丝一眼,倒吸了一口气说:"我也不知道我的帽子是什么颜色的。"

爱丽丝静静地坐着,闭着眼微笑。

"怎么样?"王后问道。

爱丽丝为什么微笑?

解答见第 154 页

着色的立方体

假设你有一些木制的立方体。

你还有 6 个颜料罐，每个罐子都装有不同颜色的颜料。

你在给一个立方体着色时，要将 6 个面中的每个面都涂上不同的颜色。

使用同一组 6 种颜色，你可以涂出多少个不同的立方体？

请记住，这里的不同指的是：不可能通过转动一个立方体，使其与另一个立方体完全一致。

——取自刘易斯·卡罗尔的一道原创谜题

解答见第 155 页

一道棘手的题目

"这绝对不行！"王后喊道，"这些花丛应该是成排的[①]——你认为它们为什么叫**玫瑰**花丛？"

园丁们齐齐地把双手放在脖子上，预料到要接受王后的惩罚了。

"我要你们把它们重新栽成 8 排，每排都有 3 朵玫瑰！"王后命令道，"否则……"

园丁们恐惧得缩成一团。这里总共只有 9 朵玫瑰。

他们能办到王后的要求吗？还是会被砍掉脑袋？

---

① "排"的英文复数形式"rows"和"玫瑰"的英文"rose"读音相同。——译注

解答见第 **155** 页

找不同：会说话的花

本页的图片几乎是上页图片的完美镜像，但它们有 9 个不同之处，你能把它们找出来吗？

解答见第 **156** 页

另一道棘手的题目

园丁们终于找到了可以把王后的 9 朵玫瑰栽成 8 排的办法，他们对此感到无比欣慰，但遗憾的是，他们的宽慰是短暂的。

王后回来后大发雷霆。

"为什么只有 8 排？"她大声喊道，"有 9 朵玫瑰，所以应该有 9 排。把它们重新栽好，否则我就砍掉你们的头！"

哦，天哪。你能再帮园丁们一次吗？

解答见第 **157** 页

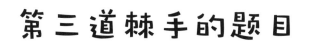

第三道棘手的题目

园丁们刚刚将9朵玫瑰重新栽成了9排，红桃王后就怒气冲冲地回到了花园里。

"我注意到，"王后尖声叫道，"黑桃王后已经把她的9朵醋栗栽成了9排。"

一个园丁走上前去，"现在陛下对您的玫瑰花丛也可以同样这样说了。"他得意地说。

"我不想说同样的话！"王后吼道，"你竟敢说我与黑桃王后一样平庸！"

园丁们在她的盛怒之下直打哆嗦。

"重新栽一次！"王后吼道，"这次要栽成10排！"

这能做到吗？

解答见第 **157** 页

领 先 一 步

爱丽丝和渡渡鸟进行 100 码^①赛跑，爱丽丝领先了 5 码。

"这看起来不公平。"渡渡鸟说。

"下次我让你领先一步怎么样？"爱丽丝建议。

下一场比赛开始时，爱丽丝在起跑线后 5 码处起跑。第二场比赛中，爱丽丝和渡渡鸟的速度都与前一场比赛完全相同。

结果如何？

---

① 1 码 ≈ 0.9144 米。——译注

解答见第 158 页

捉迷藏

爱丽丝在花园里找到了红桃 J 和黑桃 J，他们正和 4 个园丁说话。

"我们在玩捉迷藏。"红桃 J 对爱丽丝说。

"我们躺下来，你必须挑选两个，"黑桃 J 说，"如果你选中了我们俩之中的任何一个，你就赢了。"

"如果你输了，我们就会告诉王后你在哪里。"红桃 J 狡猾地说。

2 个 J 和 4 个园丁突然扑倒在地，以至于爱丽丝记不起谁在哪里了。当然，他们的背面是完全一样的，所以没有办法由此分辨园丁和 J。

"我得完全随机地选择了。"爱丽丝闷闷不乐地想。

爱丽丝选择的牌中有一张是 J 的可能性大，还是两张都是园丁的可能性大？

解答见第 **158** 页

智者之眼

当国王发现他的钱几乎都花光了，而他真的必须生活得更加节俭时，他决定把他的大多数智者都打发走。

他们的人数有好几百——都是非常出色的老人，穿着镶金纽扣的绿色天鹅绒长袍。如果说他们有什么缺点的话，那就是当国王向他们征求意见的时候，他们的回答总是互相矛盾，而且他们也确实吃喝无度。因此，总的来说，国王还是很高兴能摆脱他们。但有一条他不敢违背的古老法律，那就是必须永远有：

七位双目失明的

十位一只眼睛失明的

五位双眼都看得见的

九位一只眼睛看得见的

如果是这样的话，他至少必须保留多少位智者才能不违背这条古老法律？

——取自刘易斯·卡罗尔的《来自奇境的谜题》杂志

解答见第 **158** 页

找不同：爱丽丝与红王后

本页的图片几乎是上页图片的完美镜像，但它们有 10 个不同之处，你能把它们找出来吗？

解答见第 **159** 页

邮 票

这个幻方是刘易斯·卡罗尔发明的。

取 9 枚邮票，它们的面值如下：

5分 10分 15分 20分 25分 30分 35分 40分 50分

把这些邮票放在下面的网格中，使每一行、每一列和每一对角线上的总金额都相等。

你必须把这 9 枚邮票都用上，再加上从所列面额中额外选择的一枚邮票。这枚额外的邮票可以放在任何一个方格中，使该方格增加与其相应的金额。

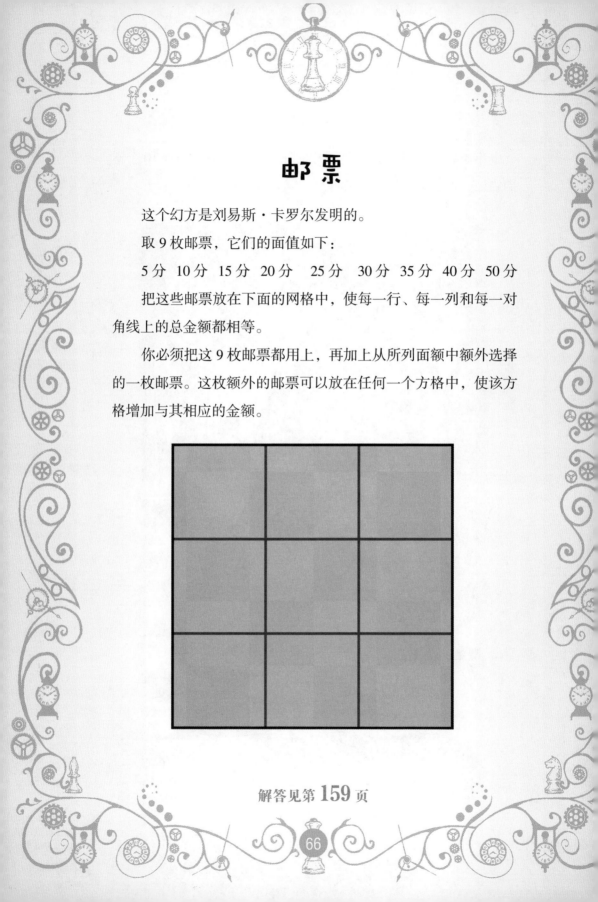

解答见第 159 页

三张牌

3 张扑克牌正面朝下躺在路上。

"你要猜对我们是谁，才能继续往前走！"从地上传来一个低沉的声音。

"我真的一点线索也没有。"爱丽丝说。

"我们会给你 3 条线索。"那个声音说。

"在一张 K 的右边有一张 2。

在一张黑桃的左边会发现一张方块。

在一张红桃的左边有一张 A，在一张黑桃的左边有一张红桃。"

爱丽丝能得出什么结论？

解答见第 **160** 页

钟表匠

　　白兔把他的怀表送去修理。不幸的是，钟表匠是疯帽子的朋友之一，他也有点……疯狂。

　　他把机械装置修理得很好，但当他安装指针时，却把时针和分针搞混了。然后他用自己的钟来校准这块怀表。当时是 6 点整，所以他让长指针指向 12，短指针指向 6。

　　白兔感激地取回了他的怀表，但过了一会儿，他又惊慌失措地回到了钟表店。

　　"有点不对劲！我的表显示的时间不对。"

　　钟表匠看了看这块表——显示的是 8 点多一点。他指着墙上自己的挂钟对白兔说："胡说，你的表准确到秒呢。"

　　白兔惊讶地发现钟表匠说的是真的。他道歉后离开了。

　　第二天一早，白兔又回到了店里，非常不高兴。

　　"我的表显示的时间不对！"

　　钟表匠又看了看这块表，这时显示的是 7 点多一点。他又把它和他的挂钟核对了一下，与挂钟上显示的时间正好一模一样。

　　"我亲爱的兔子，你大错特错了。你知道吗？也许你快要……疯了？"

　　你知道发生了什么事吗？

解答见第 **160** 页

正方形窗户

木匠去拜访海象，海象看起来很痛苦。

"这是我的窗户，"海象解释道，"从这个窗户射进来的光线太多了。"

"这不是问题，"木匠说，"如果你愿意，我可以给它挂上窗帘或装上百叶窗。"

"哦，不，"海象说，"我想让我的窗户保持3英尺高、3英尺宽的完美正方形样子，并且没有百叶窗或窗帘阻挡。"

"嗯，可以肯定，这是一个苛刻的要求。"木匠说。

不过，经过一番思考，他拿来了工具，把窗户调整到了海象满意的样子。

他是怎么做到的？

—— 一道来自刘易斯·卡罗尔的谜题

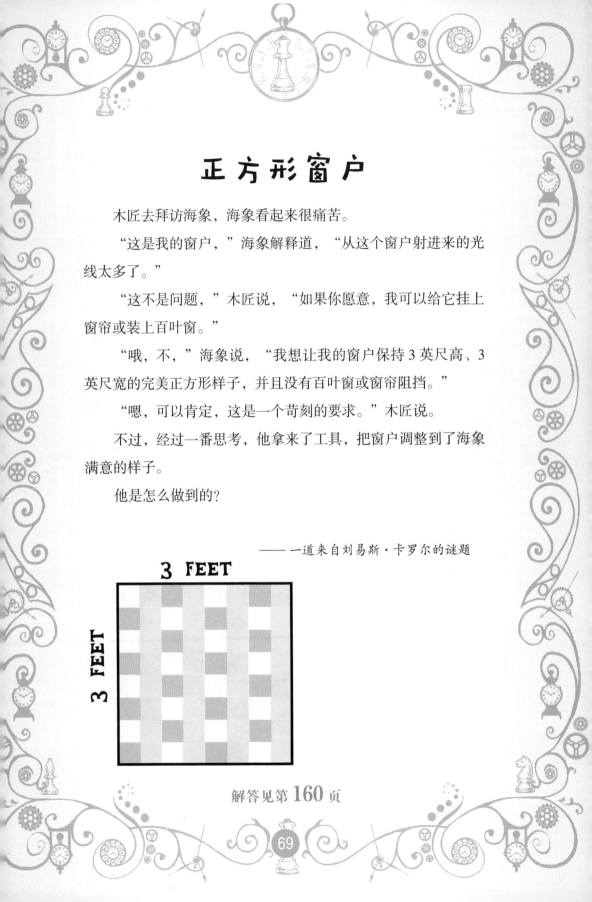

3 FEET

3 FEET

解答见第160页

镜像：爱丽丝与白王后

本页的各张小图片中，只有一张是上页那张图片的真实镜像。那么，是哪一张呢？

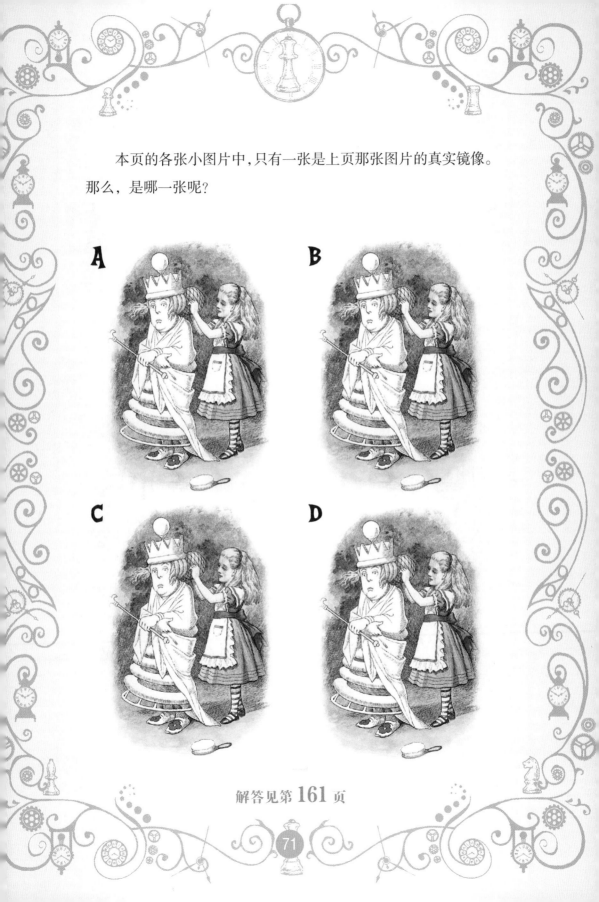

解答见第 161 页

火车上的蛋糕

在漫长的火车旅行中，爱丽丝变得非常饥饿。幸运的是，有两位同行的乘客带了蛋糕。其中一位有 3 块小蛋糕，另一位有 5 块小蛋糕。

他们同意 3 个人平分这些蛋糕。

爱丽丝非常感激，一共给了这两位乘客 8 便士。这两位乘客应该如何分配这些钱？

解答见第 161 页

起作用的砝码

绵羊商店里的天平秤只配有 3 个砝码，但她可以用它们来称出从 1 磅到 13 磅的任何整数磅。

她有哪些砝码？

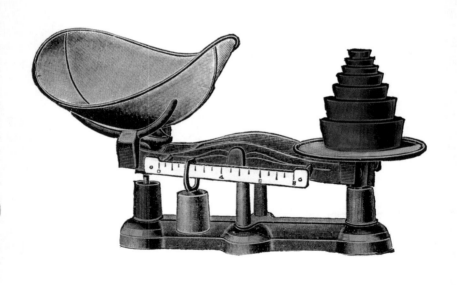

解答见第 162 页

狐狸、鹅和玉米

这道经典谜题是刘易斯·卡罗尔的最爱之一。

一个人带着一只狐狸、一只鹅和一袋玉米从市场回家。他来到一条河边，因此必须用一条小船渡河。这条小船太小了，一次只能带一件东西过河。

他不能把狐狸和鹅单独放在一起，因为狐狸会吃掉鹅。

他不能把鹅和那袋玉米单独放在一起，因为鹅会吃掉玉米。

这个人要怎样才能渡过河，并且让他的所有货物都完好无损呢？

解答见第 **162** 页

跑得慢的马

国王年纪越来越大，脾气也越来越古怪，所以他觉得是时候把王位传给他的两个儿子之一了。

他下令举行赛马，哪个儿子拥有的马跑得比较慢，就会成为新国王。儿子们不知道如何进行一场跑得慢的马会赢的比赛，所以他们向爱丽丝请教。

爱丽丝只说了两个字，就确保了比赛既有竞争性又有公平性。

她说了什么？

解答见第 **163** 页

找不同：审判红桃 J

本页的图片几乎是上页图片的完美镜像，但它们有 10 个不同之处，你能把它们找出来吗？

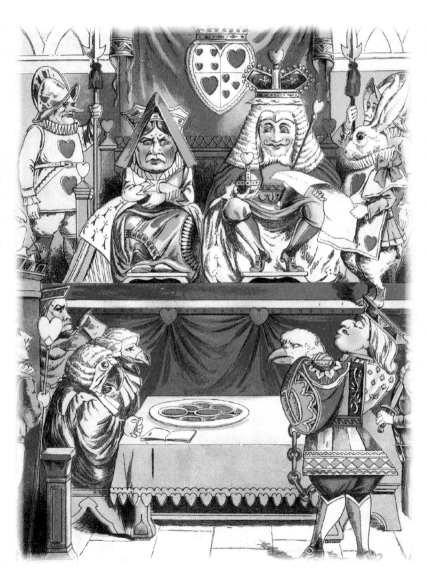

解答见第 163 页

挂帽子

疯帽子刚刚为他的 44 顶帽子买了 10 个新的帽架。

"你能帮我把它们挂起来吗？"他问爱丽丝。

"哦，挂你的帽子！"爱丽丝回嘴道，她已经厌倦了这些随意派给她的差事。

"是的，请帮我挂一下，"疯帽子说，"并且你能保证每个帽架上都挂着不同数量的帽子吗？"

爱丽丝还没来得及表明自己的态度，疯帽子就急匆匆地跑出去了。

爱丽丝能遵照疯帽子的指示完成吗？

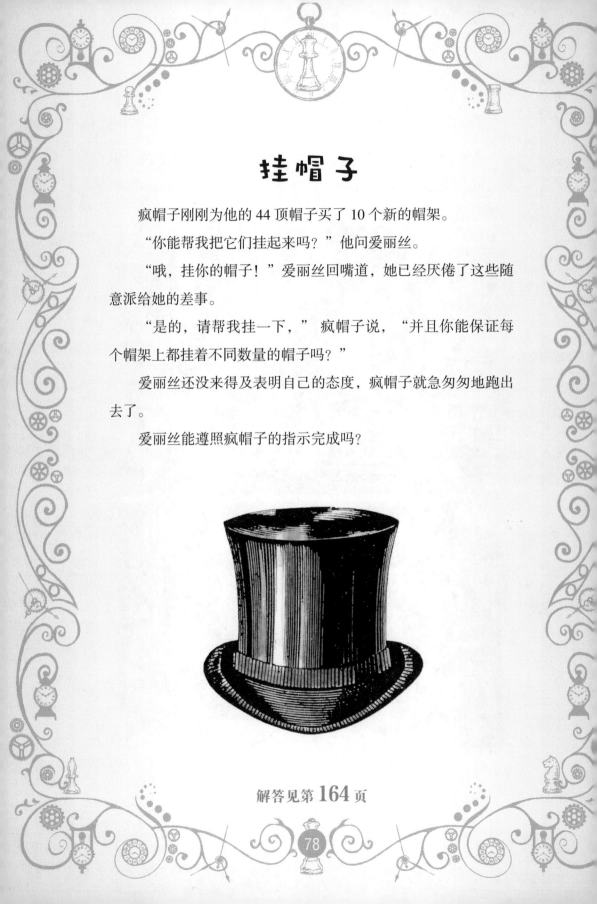

解答见第 **164** 页

三个正方形

这是刘易斯·卡罗尔设计的一道谜题。

按照以下规则画出下面这张由三个正方形构成的图：

- 不能将笔提离纸面；
- 同一条线不能经过两次；
- 任何直线都不能相交。

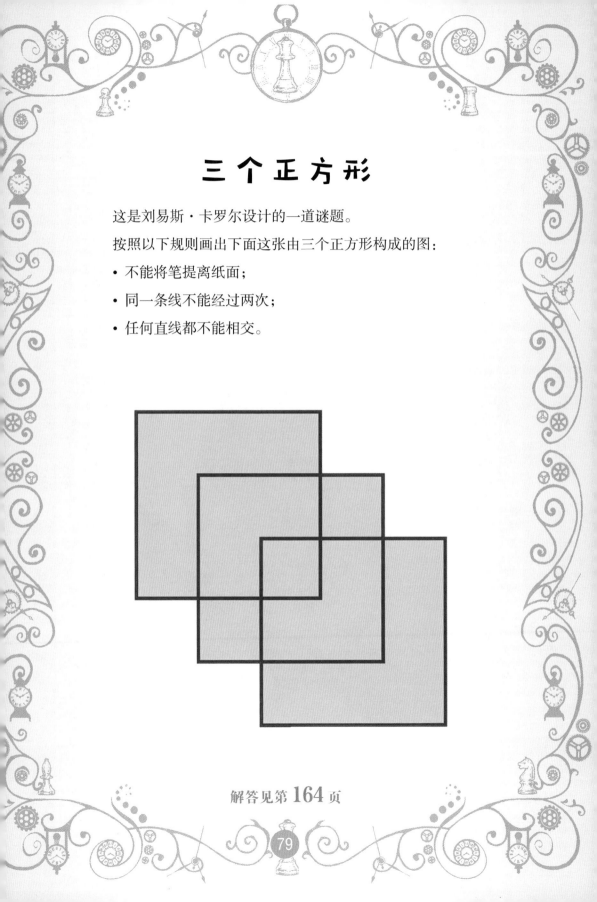

解答见第**164**页

寻欢作乐的骑士

红骑士通常会骑着马去酒馆，然后步行回城堡，全程花费一个半小时。

当他往返都骑行时，全程需要 30 分钟。

他步行往返要花多长时间？

解答见第 164 页

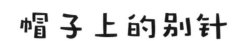

帽子上的别针

"能再帮一个小忙吗？"疯帽子问道。

"你这辈子都别想了，"爱丽丝说，"你就雇不起一个仆人吗？"

"只是帮一个很小的忙，"疯帽子说，"**这么小。**"他补充道，说着从帽子上拔出 1 枚非常小的别针。

"哦，那好吧。"爱丽丝说。

"太好了！隔壁房间恰好有 1000 枚别针和 10 个插别针的大垫子。请你把这些别针插在那些垫子上，使得任意两个垫子上的别针数量都不一样。"

说完，他就急匆匆地跑开了。

"这听起来很像他曾经给我的那个挂帽子的任务，"爱丽丝抱怨道，"那是不可能做到的！"

这可以做到吗？

解答见第 **165** 页

柠檬糖还是茴香糖

蛋头先生拿出一个大纸袋。

"恐怕只剩下一颗糖了，要么是柠檬糖，要么是茴香糖，我真的记不得是哪一种了。"

"不用了，真的，我不能拿走你的最后一颗糖，"爱丽丝说。

"你真是太体贴了，"蛋头先生说，"我这里还有一颗柠檬糖，让我把它放进这个袋子里，这样才公平，不是吗？"

爱丽丝不得不同意。

蛋头先生摇了摇这个袋子，又把它递给爱丽丝，爱丽丝把手伸进去，拿出一颗糖。它是一颗柠檬糖。

袋子里剩下的糖也是一颗柠檬糖的概率有多大？

——改编自刘易斯·卡罗尔的《枕头题目集》（*Pillow Problems*）

解答见第 **165** 页

晚餐会

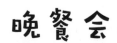

克戈维尼州（Kgovjni）的州长想举办一场非常小型的晚餐会，邀请他父亲的妻弟、他弟弟的岳父、他岳父的弟弟和他妹夫的父亲参加。

这些客人最少会有多少个，你能确定吗？

——取自刘易斯·卡罗尔的《合格的公寓》（*Eligible Apartments*）

解答见第 166 页

50 英镑

疯帽子在地上捡了一张 50 英镑的钞票。

当他到家时，他发现了一张来自屠夫的 50 英镑账单，他立即去屠夫那里并付了这笔钱。屠夫用这张钞票从农夫那里买了一头猪，农夫将它给了木匠以支付为他修理谷仓的费用。木匠把它作为他所欠的税款付给了国王。国王用它来偿还最近购买一顶帽子欠疯帽子的债务。疯帽子认出这钞票就是他捡到的那张。到这时，这张钞票已经还清了价值 250 英镑的债务。然后他意识到，这张钞票是假的！

在整个交易中损失了什么？是谁遭受了损失？

解答见第 **166** 页

国王的队伍

"我需要擅长骑射的人!"国王宣布,"我们的朋友蛋头先生处境危险,我需要一队能陪我去把他救回来的人马!"

100 名士兵陪同国王前往。在这些人中,有 10 人既不善射也不善骑,75 人善射,83 人善骑。有多少士兵骑射都擅长?

解答见第 **167** 页

糖 果

绵羊把4颗糖果放进一个袋子里——1颗是白色的，1颗是蓝色的，还有2颗是红色的。她摇了摇袋子，拿出2颗糖果，但没有给爱丽丝看。绵羊看了它们一眼后说："至少有一颗糖果是红色的。但另一颗糖果也是红色的概率有多大？"

"三分之一？"爱丽丝大胆一试。

"错了！"绵羊咩咩叫道，"再试一次！"

解答见第 **167** 页

高高的墙头

蛋头先生正在沿着一堵 60 英尺高的墙往上爬。每分钟，他都会爬上 3 英尺，但又会向下滑 2 英尺。

蛋头先生需要多长时间才能爬上墙头？

解答见第 **167** 页

王室的困境

"我现在想回家了。"爱丽丝叹息道。

她面对着两面看起来一模一样的镜子，据可靠消息，其中一面可以带她回家，而另一面却会把她永远困在这里。

两位王后知道这两面镜子各自的作用，但她们都出奇地谨慎。

"你可以问我们一个问题，一个只关于镜子的问题，"两位王后异口同声地说，"但我们中的一个会告诉你真相，而另一个会撒谎。"

既然爱丽丝不知道哪位王后会撒谎，她应该问什么问题？

解答见第**167**页

你叫什么

"你叫什么？"毛毛虫问。

这不是一个令人鼓舞的开场白。爱丽丝有些腼腆地回答说："我——我不怎么知道，先生，就目前而言——至少我今天早上起床时还知道我叫什么，但我想从那以后我一定已经改换过好几次名字了。"

"你这是什么意思？"毛毛虫严厉地说，"解释一下！"

请帮助爱丽丝理一下头绪，把她的名字的各字母填入下面这个方阵里。每一列、每一行和两条长对角线都必须包含她的名字"ALICE"的各个字母。

A	L	I	C	E
	E	A	L	
		C		A
	A	L		
		E		

解答见第**168**页

第 **3** 章
困难谜题

疯狂的河流

疯帽子在河上划着小船，享受着一个无忧无虑的下午。河水以 3 英里[①]/ 时的速度流动，小船以恒定的速度划行，顺流而下。

正当他决定逆流向上时，风把他头上的帽子吹到了船边的水里。不过，他并没有注意到他的帽子丢了，直到他向上游划了 5 英里后才发现，此时他立即开始向下游划船，去取回他的帽子。

疯帽子在静水中划船的速度是恒定的 5 英里 / 时，但当他逆流向上划船时，小船相对于河岸的速度只有 2 英里 / 时，这是因为要减去河水的流速。当他顺流而下划船时，小船相对于河岸的速度是 8 英里 / 时，这是因为要加上河水的流速。

如果疯帽子在下午 2 点丢了帽子，那么他是几点钟把它找回来的？

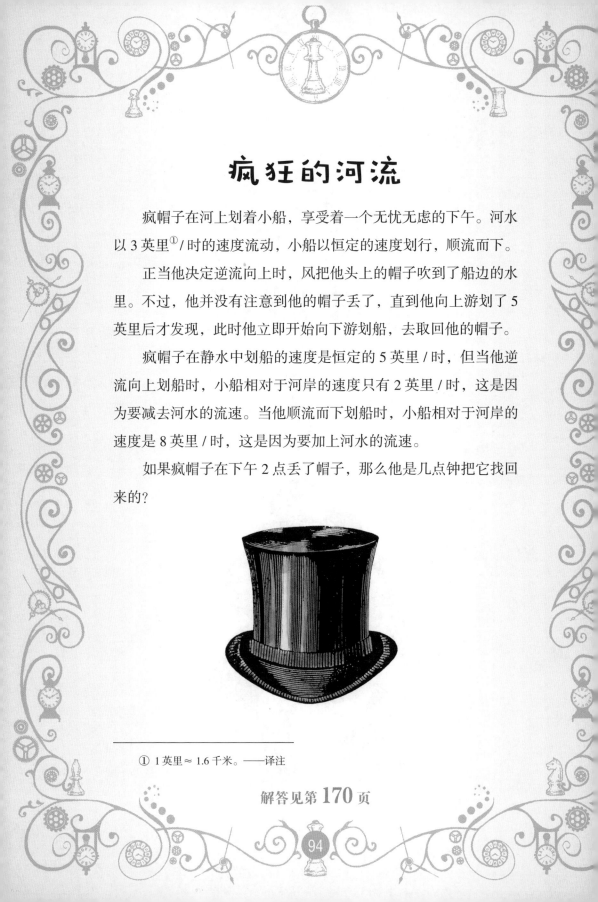

---

① 1 英里 ≈ 1.6 千米。——译注

解答见第 **170** 页

乘法

"让我想想：4乘5等于12，4乘6等于13，4乘7等于——哦，天哪！照这样下去我永远也得不到20！"

为什么会得不到呢？

解答见第 **171** 页

今天星期几

在谜境中，时间流逝的方式似乎是不同的。

爱丽丝终于问睡鼠："今天星期几？"

睡鼠睡意朦胧地回答："当后天成为昨天时，今天距离星期日的时间就会和当前天成为明天时今天距离星期日的时间一样长。"

爱丽丝知道今天是星期几了吗？

解答见第 **171** 页

战争余波

激烈的战斗已经持续了大半天，现在双方都在休整。

"传令官！损失有多少？"国王问道。

"100人中，"传令官说，"有64人丢失了剑，62人丢失了盾，92人丧失了勇气，87人失去了理智。"

"这不是偷懒的借口，"国王说，"只有剑、盾、勇气和理智全都失去了的那些士兵才可以免于参加下一场战斗！"

最少有几名士兵不需要继续战斗？

解答见第 **172** 页

果冻

客人们围坐在一张圆桌旁，于是每位客人都有两位邻座，而且每个人面前都有几勺果冻。

第一位客人比第二位客人多一勺，第二位客人比第三位客人多一勺，以此类推。下面开始传递果冻：第一位客人给第二位客人一勺，第二位客人给第三位客人两勺，以此类推。只要有可能，每位客人给出的果冻都比他得到的要多一勺。

最后，有两位邻座的客人，其中一位的果冻勺数是另一位的4倍。

圆桌旁一共有多少位客人？

开始时得到最少果冻的那位客人有几勺果冻？

——改编自刘易斯·卡罗尔的《枕头题目集》

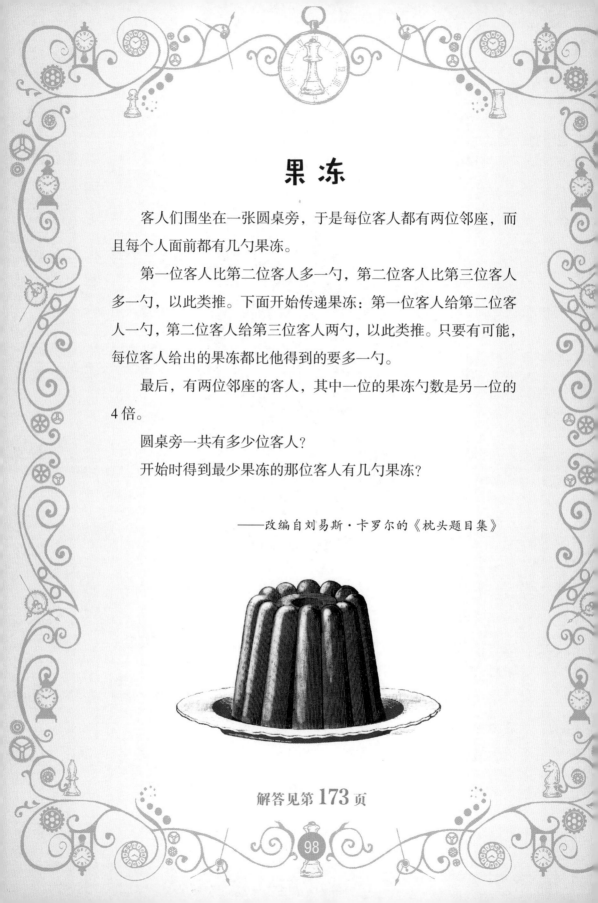

解答见第**173**页

蛋头先生的野餐

蛋头先生、蛋头夫人和他们的儿子小蛋头一起安全地重新安顿在国王的城堡里，他们在最高的塔楼上有一套顶层套房。

好心的国王记得蛋头先生和他的家人们都讨厌爬楼梯，于是建造了一台绳索滑轮升降机，升降机的两端分别有一个篮子。它的设计是这样的，当一个篮子在地面上时，另一个篮子就会在塔楼的窗口。

蛋头先生重 195 磅，蛋头夫人重 105 磅，小蛋头重 90 磅。这家人还有一篮重 75 磅的野餐。当另一端的篮子空着的时候，进入这一端的篮子将是灾难性的，不过蛋头先生计算出，如果两个篮子之间的重量差小于 16 磅，那么下降速度就不致于把他或他的亲人们摔成院子里的煎蛋。

蛋头先生和他的家人是如何离开塔楼去野餐的？

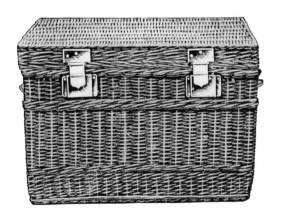

解答见第 **174** 页

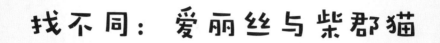

找不同：爱丽丝与柴郡猫

本页的图片几乎是上页图片的完美镜像，但它们有 10 个不同之处，你能把它们找出来吗？

解答见第 **175** 页

狮子和独角兽

狮子和独角兽在争吵。

"年龄比美貌重要！"狮子坚持说。

"你们有多大年纪了？"爱丽丝问他们。

"多么奇怪的问题啊，"独角兽说，"答案很简单——"

"狮子现在的年龄是我当时年龄的 2 倍，当时狮子的年龄是我在以后某一年的年龄的一半，我在以后的这一年的年龄将是狮子在过去某一年的年龄的 3 倍，而在过去的那一年狮子的年龄是我年龄的 3 倍。"

"我明白了。"爱丽丝有点信心不足。

"现在我们俩的年纪加起来是 44 岁。"狮子说。

独角兽现在多大年纪？

解答见第 **175** 页

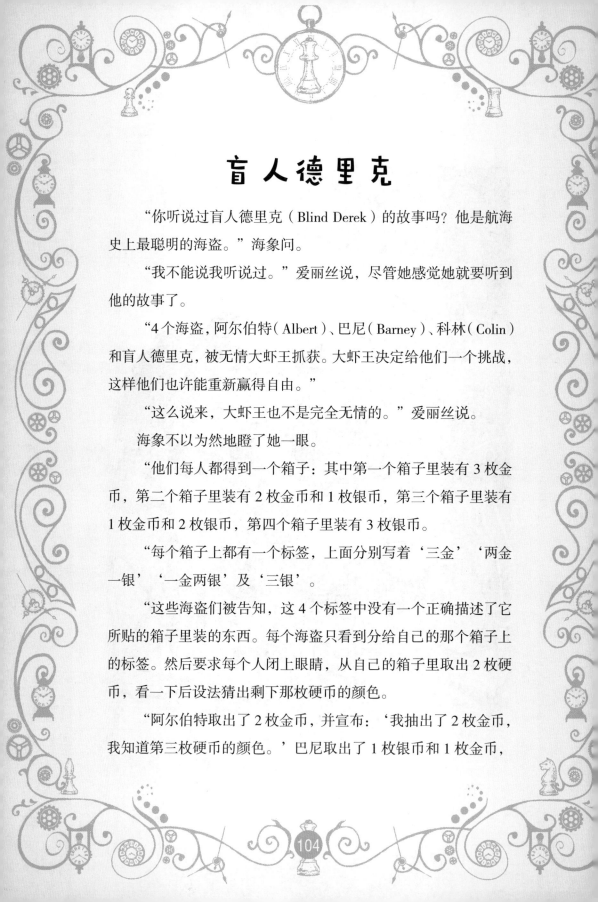

盲人德里克

"你听说过盲人德里克（Blind Derek）的故事吗？他是航海史上最聪明的海盗。"海象问。

"我不能说我听说过。"爱丽丝说，尽管她感觉她就要听到他的故事了。

"4个海盗，阿尔伯特（Albert）、巴尼（Barney）、科林（Colin）和盲人德里克，被无情大虾王抓获。大虾王决定给他们一个挑战，这样他们也许能重新赢得自由。"

"这么说来，大虾王也不是完全无情的。"爱丽丝说。

海象不以为然地瞪了她一眼。

"他们每人都得到一个箱子：其中第一个箱子里装有3枚金币，第二个箱子里装有2枚金币和1枚银币，第三个箱子里装有1枚金币和2枚银币，第四个箱子里装有3枚银币。

"每个箱子上都有一个标签，上面分别写着'三金''两金一银''一金两银'及'三银'。

"这些海盗们被告知，这4个标签中没有一个正确描述了它所贴的箱子里装的东西。每个海盗只看到分给自己的那个箱子上的标签。然后要求每个人闭上眼睛，从自己的箱子里取出2枚硬币，看一下后设法猜出剩下那枚硬币的颜色。

"阿尔伯特取出了2枚金币，并宣布：'我抽出了2枚金币，我知道第三枚硬币的颜色。'巴尼取出了1枚银币和1枚金币，

说道:'我抽出了1枚银币和1枚金币,我知道第三枚硬币的颜色。'
科林取出了2枚银币,看了看标签,说道:'我抽出了2枚银币,但我不知道第三枚硬币是什么颜色。'

"最后,盲人德里克(正如他的名字所表明的,他看不见,因此不能看见他箱子上的标签)宣布:'我不需要从我的箱子里取出任何硬币。这3枚硬币的颜色我都知道。不仅如此,我还知道其他箱子里第三枚硬币的颜色。'

"尽管听起来好像不可能,但德里克是正确的,因此他让自己和他的船员们都被释放了。"

你能说出盲人德里克是怎么发现答案的吗?

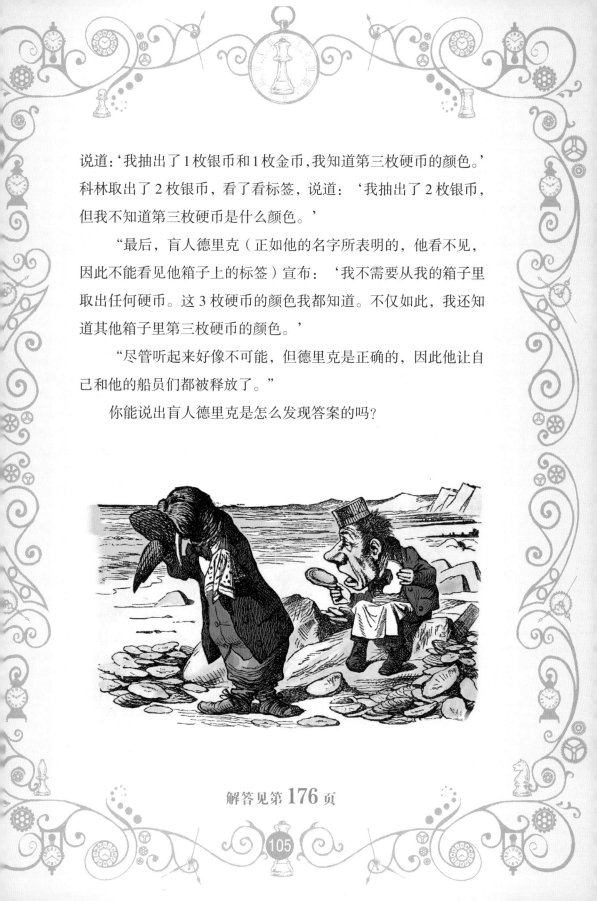

解答见第**176**页

找不同：王后要砍爱丽丝的头

本页的图片几乎是上页图片的完美镜像，但它们有 10 个不同之处，你能把它们找出来吗？

解答见第 **178** 页

来来回回

"你可以保住你的脑袋，"红桃王后对爱丽丝说，"作为交换，你要为我提供一点小小的服务。"

为了避免立即掉脑袋，爱丽丝已经习惯于执行这些任务，所以她只是点了点头。

王后接着说道："这辆手推车里有 100 个玫瑰球茎，我要你把它们沿着我的那条新的小径种成一排。

"你必须一次取一个球茎，从距离手推车 1 码处开始，沿一条直线间隔1码种植。每次种完一个球茎后，你必须回到手推车处，再取一个球茎，除非这些球茎全都种完了，你才可以停下来。"

爱丽丝要走多少码才能完成这项任务？

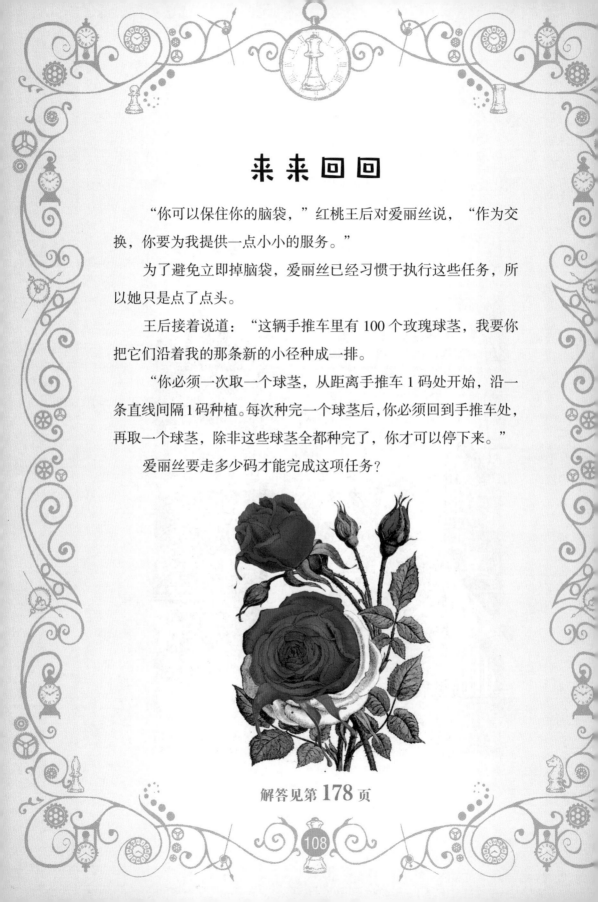

解答见第 **178** 页

永远不要问毛毛虫

"哦，不，我的表又停了！"白兔这句话没有特别对任何人说。

"那太不幸了。"毛毛虫躺在他的真菌栖息处徐徐道来。

"啊……你好，我刚才没看见你在上面。我觉得你不能告诉我现在的正确时间，对吗？"白兔问。他的不确定是由于他与毛毛虫相识已久，毛毛虫经常对那些直截了当的问题给出神秘的答案。

毛毛虫没有让人失望——

"你的推测是错误的。如果你取从今天中午开始到现在已经过去的时间的四分之一，以及从现在开始到明天中午还剩下的时间的一半，把这两个值加在一起，你就会得到正确时间。"

当时是几点？

解答见第 **179** 页

一个绝妙的数

有一个六位数，当它乘以 2、3、4、5、6 时，得到的乘积仍然由相同的数字按照相同的顺序组成，唯一的不同是从哪个数字开始循环。

你能找出这是哪个数吗？

解答见第 **179** 页

王后的财务主管

财务主管站在红桃王后面前,他被指控不诚实、无能,而且穿错了鞋子。

王后一如既往地希望保持坚定而公平的人设,因此她问他:"四分之四比四分之三大多少?"

"哎呀,大四分之一啊,陛下。"财务主管回答。

"砍掉他的头!"王后命令道。

财务主管做错了什么?

解答见第 **179** 页

短暂的春天

"今年我们在谜境中度过了一个非常短暂的春天。"毛毛虫说。

"有多短？"爱丽丝问。

"在这个春天，如果下午下雨，那么上午总是晴朗的；而当上午下雨时，下午就是晴朗的。今年春天下了9天雨，有6个下午和7个上午是晴朗的。"

那么，这个春天有多长？

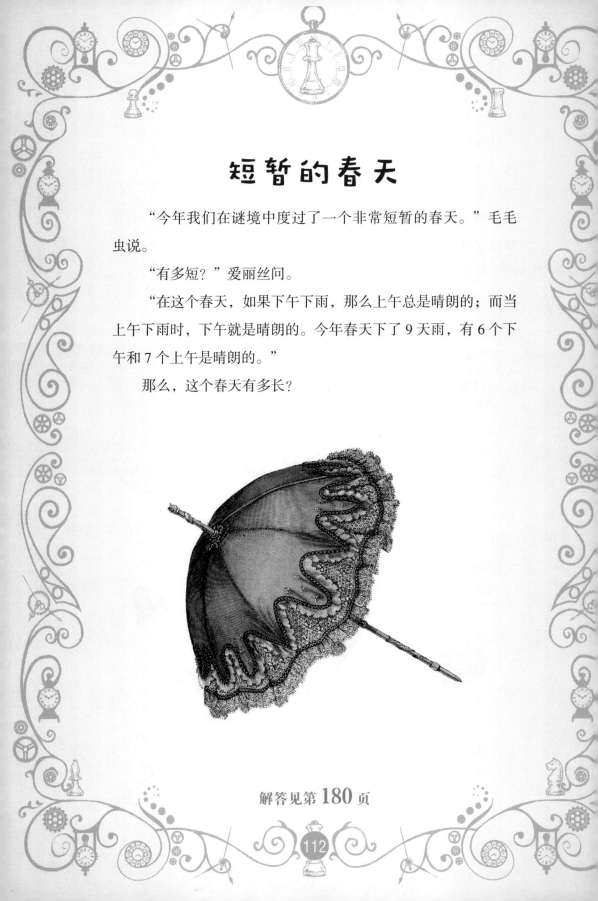

解答见第 **180** 页

即时信息

王后、公爵夫人和青蛙仆人在一条笔直的道路上从同一地点出发。两位贵妇人目前互相不说话，因此青蛙仆人必须在她们之间传递信息。

王后以 4 英里 / 时的速度向前走，公爵夫人以 3 英里 / 时的速度向前走。与此同时，青蛙仆人以 10 英里 / 时的速度在她们之间来回奔跑。假设青蛙仆人的每一次转向都是瞬时完成的，那么一个小时后他会在哪里？面朝哪个方向？

解答见第 **180** 页

找不同：爱丽丝与梅花鹿

本页的图片几乎是上页图片的完美镜像，但它们有 10 个不同之处，你能把它们找出来吗？

解答见第 **180** 页

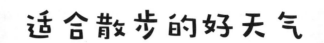

适合散步的好天气

　　两辆马车定期往返于红王后与白王后的宫殿之间。这段旅程需要一刻钟，因此这两辆马车每 15 分钟同时相向出发。

　　爱丽丝和红王后正在散步，她们是与一辆马车同时从白王后的宫殿出发的，走的路线也相同。12.5 分钟后，她们遇到了一辆从另一个方向过来的马车。还要多久她们才会被那辆马车在返回途中赶上？

解答见第 **181** 页

方块国王

方块国王留下了一份非常复杂的遗嘱，指示如何将他收藏的珍贵宝石分配给他的 10 个孩子——5 个儿子和 5 个女儿。

他给出的指示是，第一块宝石要给他忠实的仆人，然后剩下的宝石中，恰好五分之一给他的长子。再给那位仆人一块宝石，然后剩下的宝石中，恰好五分之一给他的次子。然后不断重复这一过程，直到他的 5 个儿子都得到了一份宝石，而仆人也得到了 5 块宝石。然后，在第 5 个儿子拿走了他的那份后，剩下的宝石将平分给他的 5 个女儿。

国王总共收藏了多少块宝石？每个女儿分到多少块宝石？

解答见第 **181** 页

找不同：混乱的宴会

本页的图片几乎是上页图片的完美镜像，但它们有 10 个不同之处，你能把它们找出来吗？

解答见第 **182** 页

桥牌游戏

红桃王后邀请黑桃王后、方块王后和草花王后到她的宫殿里参加每周一次的桥牌游戏。

她刚发了一半的牌就被她的传令官打断了。她听完传令官带来的消息，宣布他因打断她的牌局而被判处死刑，然后她回到了牌桌旁。

不幸的是，没有人记得她最后一张牌发在了哪里。红桃王后不知道她发了一部分的那四手牌各有多少张，也不知道还没有发的牌有多少张，那么她应该如何继续准确地发牌，才能使每个人都能拿到与没有被打断的情况下完全相同的牌？

解答见第 **182** 页

你不老，威廉爸爸

"威廉爸爸，你到底有多大年纪了？"爱丽丝问，"你看起来比我想象的年轻多了。"

"6年后，"威廉回答，"我的年龄将是4年前年龄的一又四分之一倍。"

威廉爸爸多大年纪了？

解答见第**183**页

三人成群

"我向你发起挑战！"红骑士喊道。

"我接受！"白骑士回复。

两位骑士转向爱丽丝说："我们向你发起三方战斗挑战！"

"但是为什么呢？"她问，"你们的战斗与我无关！"

"拒绝别人是非常无礼的，"红骑士说，"现在，把你自己武装起来！"

每个人都得到了一把弹弓和无限量的子弹，而这些子弹原来都是土豆。

"我们必须决定一个射击次序，"白骑士说，"让我们对一些目标实弹练习一下，然后让最差的先射击。"

白骑士被证明是一名出色的射手，一个目标都没误失。红骑士平均三射两中。爱丽丝经过一些练习后发现，她大约三射一中。

爱丽丝最先射击。她应该射谁？

解答见第 183 页

K 与 Q

从一副普通的牌中取出 3 张，正面朝下放成一排。

一张 K 的右边有一张或两张 Q。一张 Q 的左边有一张或两张 Q。一张红桃的左边有一张或两张黑桃。一张黑桃的右边有一张或两张黑桃。

这是哪 3 张牌？

解答见第 **184** 页

王后的棋局

"为了名副其实地成为王后，你必须显示你的高超棋艺，亲爱的。"白王后说。

爱丽丝在与两位王后的几次对局中都有赢有输，她注意到白王后比红王后的棋艺更高超。

"我想你差不多准备好了，"红王后说，"你要做的就是在三局比赛中连赢两局，而你的对手是轮换上场的。"

爱丽丝应该先与哪一位王后下，才能最大限度地提高她连赢两局的概率？

解答见第 **185** 页

公平交易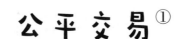

爱丽丝将一副牌洗了一下，然后正面朝上一张一张地发牌。

她一边发牌，一边按预定顺序大声背诵这副牌中的所有牌名：

"黑桃 A，黑桃 2，黑桃 3……"

这样一直背诵到黑桃 K，然后继续按此顺序背诵红桃、方块和草花。

有没有可能她所发的那张牌正好就是她大声说出的那张牌？

---

① 原题 a fair deal 是"公平交易"的意思，但 deal 一词既可表示"交易"，也可表示"发牌"。——译注

解答见第 **185** 页

北极

"这是我的问题，还是天气已经变得相当冷了？"爱丽丝一边问，一边踢掉鞋尖上的雪。

"我相信我们正在朝着北极走去。"白兔说着，看了看他的怀表，奇怪的是，它已经变成了一个指南针。

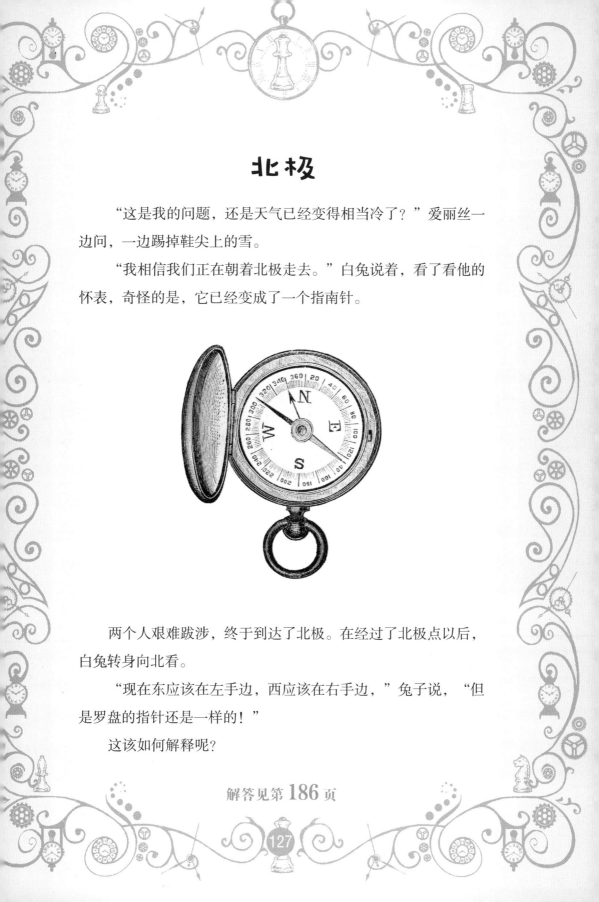

两个人艰难跋涉，终于到达了北极。在经过了北极点以后，白兔转身向北看。

"现在东应该在左手边，西应该在右手边，"兔子说，"但是罗盘的指针还是一样的！"

这该如何解释呢？

解答见第 **186** 页

甜蜜的姐妹们

三姐妹同意按她们的年龄比例分一袋糖。她们的年龄之和是 $17\frac{1}{2}$ 岁，袋子里有 770 颗糖。爱丽丝每取 4 颗糖，伊迪丝（Edith）就取 3 颗；爱丽丝每取 6 颗糖，洛伦娜（Lorena）就取 7 颗。

每个女孩各取了多少颗糖？她们的年龄分别是多大？

解答见第 **186** 页

王后的弹珠

爱丽丝走进红桃王后的庭院，看到了一个再熟悉不过的场景：一名囚犯正面对着刽子手的斧头，如果他能解决一个令人头痛的难题，就可以获得自由。这一次轮到白兔面临砍头了。

"这次又是什么问题？"爱丽丝生气地问。

王后被这种无礼的举动激怒了："砍掉她的……"

"我自己现在也是王后了，"爱丽丝打断说，"因此你不能砍掉我的头。快告诉我谜题吧，我好去救下我亲爱的朋友。"

"这个囚犯被指控乱放王后陛下的弹珠，"青蛙仆人宣布，"这道谜题的费解程度必须与这项罪行相符！"

青蛙仆人拿出了两个袋子。

"每个袋子里都装有 3 颗红弹珠、3 颗白弹珠和 3 颗黑弹珠。

"囚犯必须在不看的情况下，从第一个袋子中取出尽可能多的弹珠，但同时又要确保每种颜色至少有 1 颗弹珠留在袋子里。把取出的这些弹珠放进第二个袋子。然后，他要把尽可能少的弹珠放回第一个袋子——还是不能看——以确保第一个袋子中每种颜色的弹珠至少有 2 颗。

"囚犯必须说出第二个袋子里还有多少颗弹珠，才能确保获释。"

"我明白了。"爱丽丝叹了口气说。

她给出了什么样的答案？

解答见第 **186** 页

卖牡蛎

海象和木匠捕到了一网牡蛎。

他们把所有的牡蛎都卖了，每只牡蛎出售的英镑数与那一网中的牡蛎数量相同。他们收到的钱都是 10 英镑一张的纸币，加上一些 1 英镑硬币的零钱（零钱不到 10 英镑）。他俩分钱的方法是，把这些纸币放在桌子上轮流取，每次取一张，直到全部取完为止。海象抱怨说这不公平，因为木匠拿走了第一张和最后一张纸币，因此多拿了 10 英镑。为了公平起见，木匠把所有的 1 英镑硬币都给了海象，但海象争辩说这样他还是少分到一些钱。木匠同意给海象一张支票，从而使他们得到的总金额相等。

这张支票的价值是多少？

解答见第 **187** 页

疯狂的自行车骑行

疯帽子骑自行车，顺风向前时 3 分钟骑了 1 英里，逆风骑回来花了 4 分钟。

假设他始终用同样的力踩踏板，那么在无风的情况下他骑 1 英里需要多长时间？

解答见第 **188** 页

找不同：爱丽丝与白骑士

本页的图片几乎是上页图片的完美镜像，但它们有 8 个不同之处，你能把它们找出来吗?

解答见第 **189** 页

另一面镜子

"另一面镜子，"爱丽丝说，"你觉得这面镜子会带我回家吗？"

"毫无疑问，"兔子说，"但是你看，你要先解答一道谜题。"

在镜子上方有这样一行字：

叫了20人，来了19个，只移动一对，使两边相同。

镜子的两边各有一列可拆卸的圆形木栓，每个木栓上都刻有一个数，如下所示：

3	1
4	2
5	7
8	9

"这次只是简单的加法，"爱丽丝说，"左边一列加起来是20，右边一列加起来是19。"

"但是你要移动哪一对数才能使两列相同呢？"兔子问。

解答见第 **189** 页

简单谜题
答案

一首诗

想象（Imagination）①。

找不同：粉刷玫瑰的园丁

---

① 将这个单词拆成三部分是 I-magi-nation，分别表示"我""东方三博士""国家"，其中东方三博士是《圣经》里的人物，其另一说法是"Three Wise Men"，即"三位智者"。这三部分后面分别加上一些字母后可以构成 ibis（朱鹭）、magician（魔术师）和 nationalist（民族主义者）。——译注

危险的决定

她应该选择第三扇门。如果这只可怜的狮子已经 6 个月没吃东西了，那么它不会还活着。

一排排的玫瑰

这里有一种可能的解答。王后可没说过各排要相互平行！

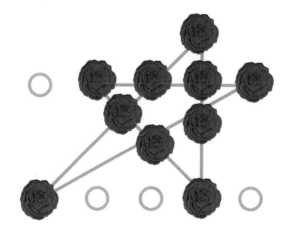

不合拍

要得到实际时间，必须用 60 分钟扣除怀表上显示的分钟数。

怀表显示的时间正好是 4 点过 $23\frac{1}{13}$ 分，但由于分针朝相反方向移动，因此实际时间是 4 点过 $36\frac{12}{13}$ 分。

缺席的刺猬

红桃 5 忘了带刺猬。

镜像：青蛙仆人和鱼仆人

是图片 D。

A   B   C

一个麻烦的问题

刘易斯·卡罗尔喜爱数学谜题，但他在这里更注重文字。他用诗句的形式给出了答案：

在夏洛克的割肉交易中，

没有提到流血[①]。

[①] 这是英国剧作家威廉·莎士比亚（William Shakespeare，1564—1616）的戏剧《威尼斯商人》（*The Merchant of Venice*）中的故事：根据合约，商人夏洛克（Shylock）可以割取商人安东尼奥（Antonio）身上的一磅肉，但是因为合约上没有答应给夏洛克任何一滴血，因此最终安东尼奥得救。——译注

因此，当棍子被锯成八段时，它们的重量由于损失了**锯末**而减少。

两 个 谜 语

火；一个漏洞。

诗

每一行的第一个字母连起来就是刘易斯·卡罗尔的一位年轻朋友的名字，而"奇境"系列小说的灵感就来自她——爱丽丝·普莱森斯·利德尔（ALICE PLEASANCE LIDDELL）。

镜像：蛋头先生有话说

是图片 A。

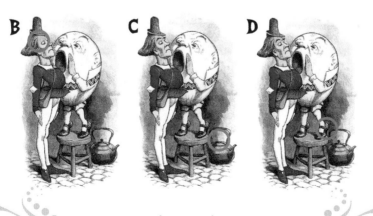

舞 会 和 项 链

铁匠可以将其中一段上的 3 个链环全部切开，然后用这 3 个切开的链环将另外 3 段连在一起。这样他就收费 6 便士。

想 一 个 数

答案是 3。如果你取**任意**一个数，并对其施行第一段诗文中的运算，那么第二段诗文中的运算正好构成了它们的逆运算。

鲜花盛开的花园

白骑士的行程

他后半程所花的时间和整个行程都步行所花的时间一样多。

因此，不管这匹马跑得有多快，他损失的时间就等于他骑行的时间。

如果他一路都步行，会省下 1/30 的时间。

烤吐司

他把两片吐司放进锅里。30 秒后，每片吐司都烤了一面。他把第一片吐司翻面，把第二片吐司从锅里取出来，然后把第三片吐司放到原来第二片吐司的位置。在第二个半分钟后，第一片吐司烤好了，另外两片吐司各烤了一半。在最后的 30 秒里，他烤好了第二片和第三片吐司。

摘玫瑰

她摘了 36 朵玫瑰。

她给了第一个园丁 20 朵，自己留下 16 朵。她给了第二个园丁 10 朵，自己留下 6 朵。她给了第三个园丁 5 朵，自己留下 1 朵。

找不同：奇妙的动物们

预选赛

12 分钟。

帽子戏法

完全没有这种可能性。共有 10 位散步者，因此，如果有 9 位散步者找到了自己的帽子，那么第十位散步者也就会找到自己的帽子。

柴郡钟

一个半小时，从 12:15 到 1:45。如果她连续 7 次听到只响一下的钟声，那么她不需要等待它再次响起了，因为下一次钟声响起只能是两点钟。

胡椒

爱丽丝先把 7 分钟和 11 分钟的两个沙漏都翻过来。当 7 分钟沙漏里的沙子停止流动时，她立即把这个沙漏再翻一次。当 11 分钟沙漏里的沙子停止流动时，她立即把 7 分钟沙漏再翻一次。当 7 分钟沙漏里的沙子停止流动时，就过去了 15 分钟。

镜像：爱丽丝变长了

是图片 B。

天气变暖

过去五天的温度值是：−2、−1、1、2、3。

$$(-2) \times (-1) \times 1 \times 2 \times 3 = 12$$

可怜的鲍勃

可怜的鲍勃是一条金鱼。干燥的天气使他盆里的水都蒸发了。

水 果 馅 饼

爱丽丝回答说："但是这样就完全没有水果馅饼了，陛下。因为蛇没有腿，而任何数乘以零，结果都是零。"

$$2 \times 4 \times 6 \times 2 \times 1 \times 0 \times 3 = 0$$

"很好，"王后说，"给我拿零个水果馅饼来。马上去拿。"

纸 牌 游 戏

9局。叮当兄赢了3局游戏，因此得到了3便士。叮当弟必须先赢回这3便士，这就需要再玩3局，然后还要再赢3局才能赢得3便士。

疯狂的茶话会

不喝酒的客人也不喝咖啡，也不喝茶。他不喝茶话会上提供的任何饮料，因此另两位客人所有 3 种饮料都喝。

彩旗飘飘

这两根旗杆必须紧挨在一起。

槌球

只有 3 位运动员到了。

以牙还牙

双方都不能声称自己获得优势。双方都吃掉了对方值 12 分的棋子。

不是我那杯茶

爱丽丝已经在她原来那杯茶里加过糖了。在她给那杯据称是新的茶加了糖以后，它就太甜了。

镜像：白兔先生假扮传令官

是图片 D。

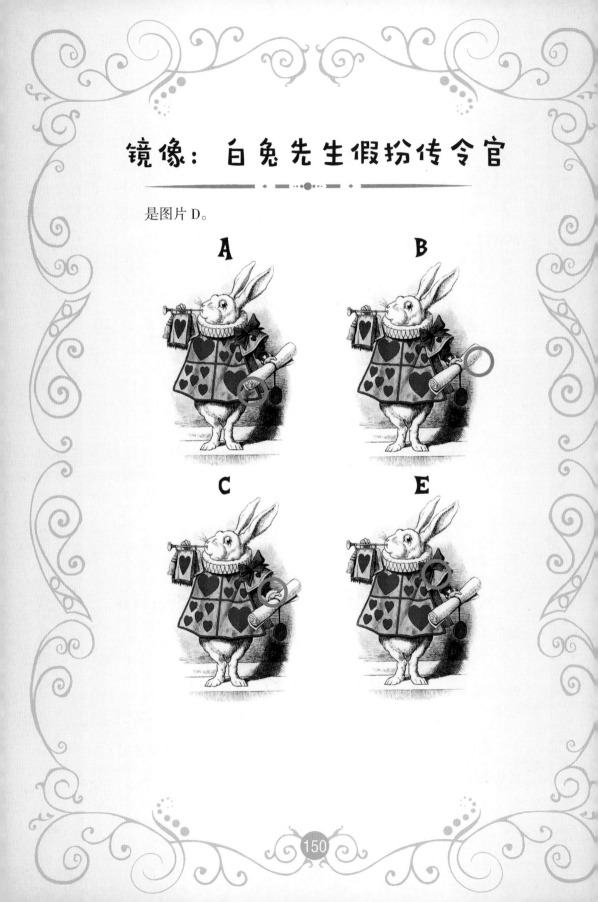

奇异谜题
答案

被诅咒的爱

这首诗排成了一个方阵：如果你从第一行的第一个单词开始，竖直往下念到底，再从第一行的第二个单词继续，并一直这样念下去，你就会发现这是一首与你水平阅读时完全一样的诗。

观察时钟

当白兔离开他的地洞时，他记下了时钟当时显示的时刻（尽管他知道这是错误的）。当他到疯帽子家后，他记下了他到达和离开的时刻，因此他知道他在疯帽子家待了多长时间。当他回到家时，他根据自己的时钟知道了他离家有多长时间。用这个时间减去他在疯帽子家度过的时间，他就知道来回走了多长时间。把这个时间的一半（即他返程的时间）加到他离开疯帽子家的那个时刻，他就知道现在的真实时刻了。

字母

爱丽丝可以用镜子来确定每个字母的对称性。这里有 4 个类别：

抽屉 1（竖直对称）： A M T U V W Y

抽屉 2（水平对称）： B C D E K

抽屉3（竖直和水平都对称）：　　H I O X

抽屉4（不对称）：　　　　　F G J L N P Q R S Z

与你相配

拿着钻石的 J 在回答草花 J，因此他不可能是草花 J。因为他拿着钻石，所以他也不可能是方块 J，于是他一定是黑桃 J。

既然我们知道黑桃 J 拿着钻石，那么草花 J 一定拿着铲子，而方块 J 拿着球棒。

变换

颜色决定变换后的动物类型，动物类型决定变换后的颜色，而大小则总是相反的。因此，黄色的大兔子会变成绿色的小蝴蝶。

国王的马车

50 分钟。他的步行为马车往返各节省了 10 分钟，因此他被接上的时间是下午 4:50，而不是通常的时间。

头和帽子

爱丽丝知道自己戴着一顶红色的帽子。

疯帽子不可能看到 2 顶黑帽子，否则他就会知道自己的帽子是红色的。

三月兔（他是有可能疯了，但并不笨）意识到疯帽子不可能看到 2 顶黑帽子，所以他看了看爱丽丝。如果她戴着一顶黑帽子，他就会知道他自己的帽子是红色的。既然他不知道，那么爱丽丝的帽子一定是红色的。

着色的立方体

30 个不同的立方体。

为立方体各面的每一种颜色指定一个字母：A、B、C、D、E、F。如果 A 与 B 位于相对的面，那么其余 4 个面就有 6 种颜色组合：CDEF、CDFE、CEFD、CEDF、CFDE、CFED。

如果 A 与 C 位于相对的面，同样也有 6 种颜色组合，而 A 与 D 相对、A 与 E 相对、A 与 F 相对的情况也是如此。因此共有 5 组，每组有 6 种颜色组合，这样总共就是 30 种组合。

一道棘手的题目

这道题并不像一开始看起来那么困难。

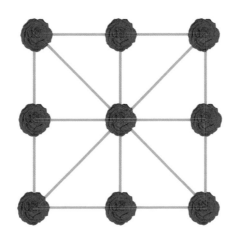

找不同：会说话的花

另一道棘手的题目

这道题需要多一点思考。

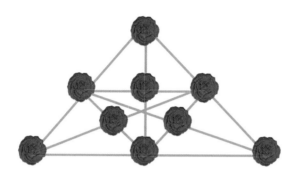

第三道棘手的题目

这当然是可以做到的。你现在应该已经掌握做这类题目的窍门了!

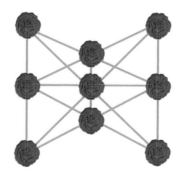

领先一步

我们根据第一场比赛知道，在渡渡鸟跑 95 码的时间里，爱丽丝跑了 100 码。因此，在第二场比赛中，他们俩会同时到达距离终点线 5 码处。由于爱丽丝跑得比较快，她会在最后 5 码中超过渡渡鸟，从而赢得第二场比赛。

捉迷藏

如果我们将园丁编号为 1 到 4，而将红桃 J（knave of hearts）和黑桃 J（knave of spades）分别用他们的首字母缩写 KH 和 KS 来表示，那么爱丽丝可能选择的两个人的所有可能组合如下：

1–2	2–3	3–4	4–KS	KS–KH
1–3	2–4	3–KS	4–KH	
1–4	2–KS	3–KH		
1–KS	2–KH			
1–KH				

J 在这 15 个组合中出现了 9 次。因此，爱丽丝至少选中一张 J 的概率是 $\frac{9}{15}$，即 60%。这比胜负机会相等的概率（50%）要好，因此黑桃 J 提出的胜负判据对爱丽丝略为有利。

智者之眼

他必须保留 16 位智者。

找不同：爱丽丝与红王后

邮票

40分的邮票必须使用两次，其中有一枚要与5分的邮票放置在同一个方格里，如右图所示。此时每一行、每一列和每一对角线上的总金额都是90分。

25分	50分	15分
20分	30分	40分
5分 40分	10分	35分

三张牌

方块 A、红桃 K、黑桃 2。

钟表匠

正如题目所说，钟表匠把两根指针搞混了，所以分针短、时针长。

白兔第一次回来找钟表匠时，距离钟表匠在 6 点钟将表拨准过去了 2 小时 10 分钟多一点。那根长针仅从 12 移动到 2 过一点。那根短针转了完整的 2 圈，又走了 10 分钟多一点。因此，此时怀表显示的是正确的时间。

第二天早上 7 点 05 分多一点，白兔又来了一次，这时距离钟表匠在前一天 6 点钟把表拨准过去了 13 小时 5 分钟多一点。按照时针方式运转的长针，用了 13 个小时才到达 1。短针转了完整的 13 圈，又走了 5 分钟，略微超过了 7。因此，此时怀表再次显示了正确的时间。

正方形窗户

木匠按右图把窗户缩小了：

镜像：爱丽丝与白王后

是图片 B。

A   C   D

火车上的蛋糕

大多数人会立即回答说，其中一位拿走 3 便士，另一位拿走 5 便士，但这是不正确的。

这 8 便士用于支付 8 块蛋糕的 $\frac{1}{3}$，即 $2\frac{2}{3}$ 块蛋糕（$\frac{8}{3}$ 块蛋糕）。

由此我们可以说，8 块蛋糕的总价值是 24 便士，因此一块蛋糕的价值就是 3 便士。

每个人都吃了 $2\frac{2}{3}$ 块蛋糕，因此第一位乘客从他的 3 块蛋糕

中给了爱丽丝 $\frac{1}{3}$ 块，爱丽丝其余的 $2\frac{1}{3}$ 块蛋糕是另一位乘客给她的。

因此，应该给第一位乘客 1 便士，给第二位乘客 7 便士。

起作用的砝码

1 磅，3 磅，9 磅。

绵羊可以把这些砝码的任意组合放在天平秤的任一秤盘上，两边的砝码重量之差就是她要出售的糖果的重量。需要得出的重量是砝码相加或相减后得到的结果：

1−0=1	9−3=6	（9+3）−1=11
3−1 =2	（9+1）−3=7	（9+3）−0=12
3−0=3	9−1=8	（9+3+1）−0=13
（3+1）−0=4	9−0=9	
9−（3+1）=5	（9+1）−0=10	

狐狸、鹅和玉米

那人先带着鹅过河，把它留在对岸后返回。

接着他带着狐狸过河，把狐狸留在对岸，并带着鹅返回。

然后他带着玉米过河，把玉米和狐狸一起留在对岸。

最后他把鹅带到对岸。

中间两步的狐狸和玉米可以对换。

跑得慢的马

"换马。"

由于输掉比赛的马的主人会赢得王国，两个儿子现在都有了赢得这场比赛的动机。

找不同：审判红桃J

挂帽子

一个帽架上所挂帽子的最低数量是 0 顶。下一个数量至少是 1 顶，再下一个至少是 2 顶，依次类推，直到第十个帽架上的帽子数至少是 9 顶。因此，如果要求每个帽架上都挂着不同数量的帽子，那么最低数量就是 45 顶：

$$0 + 1 + 2 + 3 + 4 + 5 + 6 + 7 + 8 + 9 = 45$$

因此，无论爱丽丝如何尽力去尝试，她都无法按照疯帽子的要求挂上这 44 顶帽子。

三个正方形

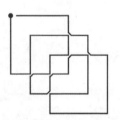

寻欢作乐的骑士

考虑骑马去酒馆，然后步行回城堡的这第一种方式，往返两次共需要 3 个小时，这相当于两次步行、两次骑马通过酒馆与城堡之间距离的时间。因此，骑士可以用 3 小时减去半小时，即用

$2\frac{1}{2}$ 小时步行来完成往返行程。

帽子上的别针

这 10 个垫子上可以分别插有以下数量的别针：

1，2，4，8，16，32，64，128，256，489

柠檬糖还是茴香糖

概率论是数学中的一个奇妙领域，尤其是当它呈现出有悖于我们的直觉的事实时。

当蛋头先生一开始想要把袋子里的最后一颗糖给爱丽丝时，它是一颗柠檬糖的概率是 $\frac{1}{2}$。你可能会认为，在加入了另一颗柠檬糖，并且爱丽丝拿走了一颗柠檬糖后，情况也是如此。

然而，与一开始相比，现在有了更多的可能性。蛋头先生往袋子里放了一颗柠檬糖，而爱丽丝又拿走了一颗柠檬糖，于是结果就有 3 种可能性：

袋子里留下的	爱丽丝拿走的
柠檬糖 1	柠檬糖 2
柠檬糖 2	柠檬糖 1
茴香糖	柠檬糖

所以剩下的那颗糖是柠檬糖的概率实际上是 $\frac{2}{3}$。

晚餐会

最少只有一个人。

下图中，男性用大写字母表示，女性用小写字母表示。

州长是 E，客人是 C。

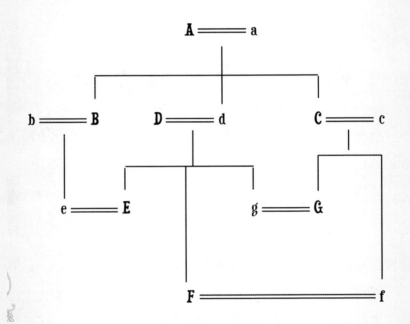

50 英镑

因为在所有交易中使用了同一张假钞，所以这些交易全都无效。

每个人现在的债务都跟疯帽子捡起这张钞票前一样。唯一的例外是屠夫，他因为买猪而欠农夫 50 英镑。

国王的队伍

100 名士兵扣除 10 人后，剩下 90 名善骑或善射的士兵。

其中 83 人善骑，剩下 7 人只善射不善骑。从 75 人中扣除这 7 人，剩下 68 人骑射都擅长。

糖果

拿出的这 2 颗糖果有下列 6 种可能的组合：

红（1）+ 红（2）　　　　　　　　红（1）+ 白

红（2）+ 白　　　　　　　　　　红（1）+ 蓝

红（2）+ 蓝　　　　　　　　　　白 + 蓝

爱丽丝知道"白 + 蓝"这一组合未被抽中。这样就剩下 5 种可能的组合，所以"红（1）+ 红（2）"组合被抽中的概率是 $\frac{1}{5}$。

高高的墙头

58 分钟。他每分钟总共向上 1 英尺，但他在第 58 分钟时已经爬到了墙头，因此不再像往常那样滑下去 2 英尺了。

王室的困境

爱丽丝可以这样问两位王后中的任意一位："如果我问另一

位王后，哪面镜子会送我回家，她会怎么说？"

两位王后对这个问题将给出相同的答案。

如果问的是诚实的王后，那么她将不得不告诉爱丽丝撒谎的王后的答案——一个谎言。

如果问的是撒谎的王后，那么她会给出与诚实的王后的答案相反的答案——一个谎言。

因此，不管爱丽丝问两位王后中的哪一位这个问题，她们都会回答她不应该选的那面镜子。

你叫什么

A	L	I	C	E
C	E	A	L	I
L	I	C	E	A
E	A	L	I	C
I	C	E	A	L

困难谜题
答案

疯狂的河流

疯帽子逆流向上划船的速度只能达到 2 英里 / 时，因此他逆流向上 5 英里需要 $2\frac{1}{2}$ 小时。在疯帽子奋力向上游划船的这 $2\frac{1}{2}$ 小时中，他的帽子一直在以 3 英里 / 时的速度顺流而下，因此会距离它被吹掉的地方 $7\frac{1}{2}$ 英里，于是距离疯帽子当时的位置（即帽子被吹掉的地方的上游 5 英里处）总共 $12\frac{1}{2}$ 英里。当疯帽子调转船头去追赶他的帽子时，他顺水划船，可以达到 8 英里 / 时的速度，但在此期间帽子仍然在以 3 英里 / 时的速度顺流而下，所以他实际上只是在以 5 英里 / 时的速度靠近帽子。我们已经确定，帽子距离疯帽子当时的位置 $12\frac{1}{2}$ 英里，而疯帽子相对于帽子的速度是 5 英里 / 时，所以他就需要 $2\frac{1}{2}$ 小时才能到达帽子处。

这样总共是 $2\frac{1}{2}$ 小时逆流向上划船和 $2\frac{1}{2}$ 小时顺流向下划船，也就是 5 小时。他的帽子是在下午 2 点被吹走的，所以他要到傍晚 7 点才能找回它（此时帽子在被吹掉的地方的下游 15 英里处）①。

---

① 此题更简单的解法是将河水和帽子作为参考系，于是河水和帽子都可视为静止的，因此疯帽子离开帽子和追回帽子的时间相同，都是 $2\frac{1}{2}$ 小时，全程就是 5 小时。
——译注

乘法

爱丽丝的这个乘以 4 的乘法表看起来毫无意义，只是答案每次增加 1。

不过，如果将她的答案换成在不同的**进制**中表示出来，我们就会看出一种模式。

以 10 为基数的答案	换成下列基数	新的答案
4 × 3 =　　　12	12	10
4 × 4 =　　　16	15	11
4 × 5 =　　　20	18	12
4 × 6 =　　　24	21	13
4 × 7 =　　　28	24	14
4 × 8 =　　　32	27	15
4 × 9 =　　　36	30	16
4 × 10 =　　　40	33	17
4 × 11 =　　　44	36	18
4 × 12 =　　　48	39	19
4 × 13 =　　　52	42	1A

按照这种模式，她永远也得不到 20，因为 19 下面的新答案是 1A，不是 20。

今天星期几

今天是星期日。

随机选择一天，比如星期二，那么：

（1）当后天（即星期四）成为昨天（星期一）时，4 天就过去了。

（2）当前天（即星期日）成为明天（星期三）时，3 天就过去了。

（3）因此，今天会是星期日之后的第七天，即下一个星期日。

战争余波

5 名士兵。

求出受各种损失的总人数 64 + 62 + 92 + 87 = 305。超过 300（这表示 100 个人每人都遭受了 3 种损失）的数量就会是同时遭受全部 4 种损失的最少人数，305-300=5。

果 冻

在下面的叙述中，我们修改了刘易斯·卡罗尔原来的叙述，但仍采用了他的各个方程。

g = 客人数量

s = 最后一位（或得到最少果冻的）客人面前的果冻勺数

在果冻被传递一圈之后，每位客人都少了一勺，而最后那位客人要传递给第一位客人的那堆果冻中共有 g 勺果冻，由此开始了第二圈传递。

因此，在传递 s 圈之后，每位客人都会少 s 勺果冻，最后一位客人没有剩下果冻，而那堆正要被传递出去的果冻中会有 $g \times s$ 勺果冻。当要求最后一位客人传递果冻时，果冻传递结束，此时他有 $gs +（g-1）$ 勺果冻，而倒数第二位客人什么都没有，第一位客人有 $g-2$ 勺果冻。

第一位和最后一位客人是唯一能得到"4 比 1"勺数比率的邻座，即

$$gs +（g-1）= 4（g-2）\text{ 或 } 4（gs + g-1）= g-2。$$

由第一个方程得出 $gs = 3g-7$，即 $s = 3 - \dfrac{7}{g}$，这个方程只有一组正整数解：$g = 7$，$s = 2$。

由第二个方程得出 $4gs = 2-3g$，这个方程没有正整数解。

因此答案是 7 位客人和 2 勺果冻！

蛋头先生的野餐

（1）把野餐篮放进上面的篮子里，让篮子下降到地面。

（2）让小蛋头进入上面的篮子里，送他下去，并把野餐篮重新提上来。

（3）把野餐篮取出，然后蛋头夫人进入篮子里，送她下去，并把小蛋头重新提上来。

（4）让小蛋头出来，蛋头夫人也从下面的篮子里出来，再把野餐篮送下去。

（5）蛋头夫人带着野餐篮一起进入下面的篮子里，然后蛋头先生进入上面的篮子，送他下去，并把蛋头夫人和野餐篮一起提上来。让（下面的）蛋头先生和（上面的）蛋头夫人都出来。

（6）把野餐篮送下去，另一个空篮子提上来。

（7)重复第2、3、4步，此时蛋头先生和蛋头夫人都到了地面，野餐篮在篮子里，而小蛋头则在塔顶等待。

（8)让小蛋头进入篮子里，随着野餐篮上升，他下降到地面。

（9）让小蛋头从篮子里出来，和他的父母在一起，然后野餐篮降落到地面。

找不同：爱丽丝与柴郡猫

狮子和独角兽

独角兽现在 16.5 岁。

设狮子"现在"的年龄为 L，独角兽"过去某一年"的年龄为 U。

我们不知道狮子比独角兽大几岁，但我们用字母 Y 来表示这个年龄差，这样我们就可以把独角兽的陈述转换成一个等式：

$$\frac{L}{2} + Y = \frac{1}{2} \times 3 \times 3 \times U^{①}$$

将上式两边都乘以 2，得到 $L + 2Y = 9U$，这意味着狮子现在的年龄加上他们年龄差的 2 倍等于独角兽过去某一年的年龄的 9 倍。

我们又知道，过去某一年狮子的年龄是独角兽的 3 倍，所以他们的年龄差是（并且一直是）那一年独角兽年龄的 2 倍，即 $Y = 2U$。

所以 $L + 4U = 9U$，即 $L = 5U$。狮子现在的年龄是过去某一年独角兽年龄的 5 倍，而他们的年龄差是 $2U$，因此独角兽现在的年龄是 $5U{-}2U = 3U$。所以现在他们的年龄之比是 $5:3$。我们知道现在他们的年龄之和是 44，因此 $5U + 3U = 44$。

由此得出 $U = 44 \div 8 = 5.5$，这就是独角兽"过去某一年"的年龄。所以 L（狮子"现在"的年龄）是 $5.5 \times 5 = 27.5$，而独角兽现在的年龄是 $5.5 \times 3 = 16.5$。

盲 人 德 里 克

前两个海盗能够轻易推断出第三枚硬币的颜色，而第三个海盗却不能，那么这些箱子标签以及里面所装的硬币的组合只有唯

---

① 为了更清楚地表明各个量的关系，可列表如下：

	当时	过去某一年	现在	以后某一年
独角兽	$\frac{L}{2}$	U	?	$3 \times 3 \times U$
狮子	$\frac{L}{2} + Y = \frac{1}{2} \times 3 \times 3 \times U$	$3U$	L	

一结果：

箱子	1	2	3	4
标签	两金一银	一金两银	三金	三银
硬币	三金	两金一银	三银	一金两银

盲人德里克是用以下推理得出这个结论的：

	标签	硬币
阿尔伯特抽出了两金，并知道他的第三枚硬币，因此必定是右边两者之一	三金	两金一银
	两金一银	三金
巴尼抽出了一金一银，并知道他的第三枚硬币，因此必定是右边两者之一	两金一银	一金两银
	一金两银	两金一银
科林抽出了两银，但不知道他的第三枚硬币，因此必定是右边两者之一	三金	
	两金一银	

（1）这3个海盗只有3种可能的标签选项，且只有巴尼有一金两银这个标签选项，因此他的硬币是两金一银。

（2）因此，阿尔伯特的硬币就不能是两金一银了，他的标签必定是两金一银，他的硬币是三金。

（3）因此，科林的标签必定是剩下的三金，而盲人德里克的标签是三银。

（4）剩下的硬币选项只有一金两银和三银。盲人德里克的硬币不可能是三银，因此必定是一金两银，于是科林的硬币就只能是三银了。

找不同：王后要砍爱丽丝的头

来来回回

10 100 码（差不多是 $5\frac{3}{4}$ 英里）①。

这意味着先来回走 1 码，然后来回走 2 码，以此类推。要快

---

① 大约 $9\frac{1}{4}$ 千米。——译注

速求出 1 到 100 的总和，可以考虑将这些数分解成 50 对，每一对加起来都是 101。50×101 = 5050。但是爱丽丝必须来回走，所以总距离是这个数的两倍。

永远不要问毛毛虫

当时是晚上 9:36。

9 小时 36 分钟的四分之一是 2 小时 24 分钟，而晚上 9:36 到第二天中午还有 14 小时 24 分钟，这段时间的一半是 7 小时 12 分钟。2:24 + 7:12 = 9:36。

一个绝妙的数

这个数是 142 857，它是 999 999 的 $\frac{1}{7}$。六位这个长度以及六个乘数（包括 ×1 在内），表明它是从分母为 7 的一个分数得出的。

王后的财务主管

如果从数值的角度来说，财务主管的回答是正确的。然而，从财务的角度来看，四分之一是四分之三的三分之一，如右图所示：

短暂的春天

一定有（6 + 7－9）÷2 =2 天是整天都晴朗的，所以这段时间有 9＋2 天，即 11 天。

即时信息

青蛙仆人可能在王后和公爵夫人之间的任何位置，面朝任何方向。为了证明这一点，在一小时结束时，将青蛙仆人放在王后和公爵夫人之间的任何位置，面朝任何方向。将所有运动反向，那么他们三人都会在同一时刻返回起点。

找不同：爱丽丝与梅花鹿

适合散步的好天气

6.25 分钟。

她们在 12.5 分钟时碰到的那辆马车还有 2.5 分钟到达目的地并开始返程，因此马车前进速度是她们的速度的 $12.5 \div 2.5 = 5$ 倍。现在，设王后和爱丽丝从出发到她们被马车赶上时所走的总距离是 x，在同一段时间里马车行驶的距离是 $x + y$，其中 y 是马车全程 15 分钟行驶的距离。根据速度比，可得 $x + y = 5x$，即 $y = 4x$，$x = \dfrac{y}{4}$。我们知道马车行驶距离 y 需要 15 分钟，所以马车行驶距离 x（即马车在返回途中赶上她们之前行驶的额外距离）需要 $\dfrac{15}{4}$ 分钟，即 3.75 分钟。

因此，当马车赶上女士们时，马车和女士们都已在路上花了 $15 + 3.75 = 18.75$ 分钟。这辆马车最初在 12.5 分钟时经过她们，因此所需的另外时间为 $18.75 - 12.5 = 6.25$ 分钟。

方块国王

总共有 3121 块宝石。

$3121 - 1 = 3120$	$3120 \times \dfrac{4}{5} = 2496$
$2496 - 1 = 2495$	$2495 \times \dfrac{4}{5} = 1996$
$1996 - 1 = 1995$	$1995 \times \dfrac{4}{5} = 1596$
$1596 - 1 = 1595$	$1595 \times \dfrac{4}{5} = 1276$

$$1276-1 = 1275 \qquad 1275 \times \frac{4}{5} =1020$$

每个女儿分到 1020 ÷ 5=204 块宝石。

找不同：混乱的宴会

桥牌游戏

　　王后把最底下那张牌发给自己，然后继续从底部开始沿逆时针方向发牌[①]。

　　[①] 桥牌的发牌规则是按顺时针方向从左边一家开始发牌，直到发完 52 张牌，共发 13 圈，最后一张牌轮到发牌人自己。——译注

你不老，威廉爸爸

44 岁。

年龄 + 6 =（年龄 – 4）× 5 ÷ 4 = 5 ×（年龄 – 4）÷ 4。

将上式两边乘以 4 消去分母，得到

4 × 年龄 + 24 = 5 ×（年龄 – 4）= 5 × 年龄 – 20。

两边都加上 20，得到 4 × 年龄 + 44 = 5 × 年龄，即年龄为 44 岁。

三 人 成 群

爱丽丝不应该向任何人射击。她向空中射出第一个土豆，这会使她得到所有三人中最好的机会。她不应该向红骑士射击，因为如果她击中他，白骑士就会在下一次射击时消灭她。如果爱丽丝瞄准白骑士并击中了他，那么红骑士将有机会先向她射击，红骑士赢得这场双人战斗的总概率会是 $\frac{6}{7}$，而她赢的概率只有 $\frac{1}{7}$[①]。

---

① 设 X 与 Y 决斗且 X 先射击时，X 幸存的概率为 $P(X, Y)$，这一概率等于 X 第一次就击中 Y 的概率，再加上两人都未击中对方让整个事件再次发生的概率，即

$P(X, Y) = P(X 击中 Y) + P(X 未击中 Y) \times P(Y 未击中 X) \times P(X, Y)$。

当爱丽丝击中白骑士后与红骑士对决时，轮到红骑士射击，因此红骑士幸存的概率是 P（红骑士，爱丽丝）= P（红骑士击中爱丽丝）+ P（红骑士未击中爱丽丝）× P（爱丽丝未击中红骑士）× P（红骑士，爱丽丝），即

P（红骑士，爱丽丝）$= \frac{2}{3} + \frac{1}{3} \times \frac{2}{3} \times P$（红骑士，爱丽丝）。

求解上式可得：P（红骑士，爱丽丝）$= \frac{6}{7}$，

于是爱丽丝幸存的概率就是 $1 - \frac{6}{7} = \frac{1}{7}$。——译注

如果她故意不射中任何人，那么她将在下一轮中先射击白骑士或红骑士。红骑士会有$\frac{2}{3}$的概率击中白骑士，而她将有$\frac{3}{7}$的总获胜概率；红骑士射不中白骑士的概率为$\frac{1}{3}$，在这种情况下，白骑士会选择对付较强的对手（红骑士），爱丽丝对白骑士的总获胜概率为$\frac{1}{3}$。

爱丽丝向空中射击，那么她赢得这场三方战斗的概率为$\frac{25}{63}$（约40%）[①]，红骑士赢的概率为$\frac{8}{21}$（约38%），白骑士赢的概率仅为$\frac{2}{9}$（约22%）。

K 与 Q

K 与 Q 只有两种排列能满足第一个和第二个陈述，即 KQQ 和 QKQ。红桃与黑桃只有两种排列可以满足第三个和第四个陈

---

① 爱丽丝向空中射击后，白骑士、红骑士对决，红骑士先射击，因此他有$\frac{2}{3}$的概率击中白骑士，于是白骑士幸存的概率就只有$\frac{1}{3}$。幸存者与爱丽丝对决，且爱丽丝先射击，因此爱丽丝幸存的概率 $= \frac{2}{3} \times P$（爱丽丝，红骑士）$+ \frac{1}{3} \times P$（爱丽丝，白骑士）$= \frac{2}{3} \times \frac{3}{7} + \frac{1}{3} \times \frac{1}{3} = \frac{25}{63}$。其中 P（爱丽丝，红骑士）$= \frac{3}{7}$ 和 P（爱丽丝，白骑士）$= \frac{1}{3}$可根据上一条注释得出。红骑士与白骑士对决时的幸存概率是$\frac{2}{3}$，与爱丽丝对决时的幸存概率是$\frac{4}{7}$，因此红骑士的幸存概率就是$\frac{2}{3} \times \frac{4}{7} = \frac{8}{21}$。于是白骑士的幸存概率就是$1 - \frac{8}{21} - \frac{25}{63} = \frac{2}{9}$。
——译注

述，即黑黑红和黑红黑。这两组排列可用以下 4 种可能的方式组合起来：

黑桃 K，　　　　黑桃 Q，　　　　红桃 Q

黑桃 K，　　　　红桃 Q，　　　　黑桃 Q

黑桃 Q，　　　　黑桃 K，　　　　红桃 Q

黑桃 Q，　　　　红桃 K，　　　　黑桃 Q

最后一组被排除，因为其中有两个黑桃 Q。其他各组牌都由黑桃 K、黑桃 Q 和红桃 Q 组成，因此这 3 张牌必定就是桌子上的 3 张牌。我们不可能明确指出任何一张牌的位置，但第一张牌必定是一张黑桃，第三张牌必定是一张 Q。

王后的棋局

如果爱丽丝要连续赢两局，那她就必须赢下第二局，因此在第二局中与较弱的对手较量对她更有利。她还必须在对阵较强的白王后的棋局中至少赢一次，而如果她能两次与白王后对阵，那么她做到这一点的机会就比较大。因此，第一局应该对阵白王后。

公平交易

是的，有可能，因为至少有一张牌在发出时正好被喊到的概率几乎是 $\frac{2}{3}$。

北极

如果西和东是固定的点，并且当你向北前进时，西在你的左边，那么在你经过北极点并转身后，西就会在你的右边。但西和东并不是固定的点，而是环绕地球的**方向**。所以，无论你站在哪里，只要你面向北方，你的左边就朝西，右边就朝东。

甜蜜的姐妹们

	爱丽丝	伊迪丝	洛伦娜
	4颗糖	3颗糖	$\frac{14}{3}$颗糖
或	12颗糖	9颗糖	14颗糖
总数	264	198	308
年龄	6	$4\frac{1}{2}$	7

王后的弹珠

"4颗弹珠，"爱丽丝毫不犹豫地说，"现在，如果你不介意的话，我们要去参加一个茶话会了。"

从第一个袋子中只能取出2颗弹珠。此后，两个袋子里装的弹珠颜色就会是下列两种情况之一：

情况	第一个袋子			第二个袋子		
	颜色 A	颜色 B	颜色 C	颜色 A	颜色 B	颜色 C
第一种可能情况	3	3	1	3*	3*	5
第二种可能情况	3	2	2	3	4	4

为了确保第一个袋子中每种颜色的弹珠至少有 2 颗，只需要针对第一种可能性来讨论。为了让第一个袋子中增加 1 颗颜色 C 的弹珠，在最不利的情况下必须从第二个袋子中取 7 颗弹珠，包括 3 颗颜色 A 的弹珠和 3 颗颜色 B 的弹珠（在上表的第一种可能情况中用带星号的 3 表示），以及一颗颜色 C 的弹珠。因此，第二个袋子中还剩下 4 颗弹珠。

卖 牡 蛎

我们知道每只牡蛎出售的英镑数与那一网中的牡蛎数量相同。如果牡蛎的数量为 n，则他们得到的总英镑数就是 n^2。这笔钱的组成方式是一些 10 英镑的纸币再加上一些不到 10 英镑的硬币零钱。因为木匠既取走了第一张纸币，又取走了最后一张纸币，所以总英镑数必定包含奇数个 10。又因为 10 的任意倍数的平方都包含偶数个 10，所以 n 的个位数字的平方必定包含奇数个 10。只有两个数的平方包含奇数个 10，它们分别是 4 和 6，它们的平方是 16 和 36，分别包含 1 个 10 和 3 个 10。16 和 36 的个位数字都是 6，因此 n^2 的个位数字是 6。因此，上述的零钱就是 6 个 1 英镑的硬币。

在海象拿走那 6 英镑后，仍然比木匠少拿 4 英镑，所以为了扯平，木匠开了一张 2 英镑的支票给海象。

疯狂的自行车骑行

$3\frac{3}{7}$ 分钟。在回答这道谜题时，一个常见错误是假设风在一个方向上对骑车者的加速与在另一个方向上的减速一样多，从而取总时间的一半来获得平均速度。这是不正确的，因为风只推动了骑车者 3 分钟，却阻碍了他 4 分钟。

如果顺风时他能在 3 分钟内骑行 1 英里，那么他就能在 4 分钟内顺风骑行 $1\frac{1}{3}$ 英里。考虑他在 8 分钟内的骑行，风在一半时间里帮助他，另一半时间里阻碍他，因此他可以在 8 分钟内骑行 $2\frac{1}{3}$ 英里。此时风的作用抵消。于是，我们得出结论，在无风的情况下，他可以在 8 分钟内骑行 $2\frac{1}{3}$ 英里，即在 $3\frac{3}{7}$ 分钟内骑行 1 英里。

找不同：爱丽丝与白骑士

另一面镜子

　　爱丽丝交换并旋转了8和9，使它们都上下颠倒。8保持不变，但9变成了6。这样两列数加起来都是18。

致谢

出版商感谢爱德华·韦克林（Edward Wakeling）先生友好地允许我们使用下列谜题："一排排的玫瑰""一个麻烦的问题""诗""想一个数""鲜花盛开的花园""着色的立方体""一道棘手的题目""另一道棘手的题目""第三道棘手的题目""智者之眼""邮票""正方形窗户""狐狸、鹅和玉米""三个正方形""柠檬糖还是茴香糖""糖果""乘法""果冻"。

出版商感谢下列机构允许本书使用它们的图片：

Alamy/© PARIS PIERCE

Dover Publications，Inc.

iStockphoto.com

Shutterstock.com

卡尔顿图书有限公司（Carlton Book Limited）已尽一切努力正确地确认并联系每张图片的来源和 / 或版权所有者，并对任何无意的差错或遗漏表示歉意，这些差错或遗漏将在本书以后的版本中得到更正。